致富一招鲜系列

种樱桃赚钱方略

主　　编　夏祖印

编写人员　汪倩倩　胡兆云　夏祖印　常　丽　陈忠民
　　　　　周　钊　黄　芸　余　莉　杨光明　连　昺
　　　　　徐　淼　杨　波　刘兴武　程宇航　邱立功

时代出版传媒股份有限公司
安徽科学技术出版社

图书在版编目(CIP)数据

种樱桃赚钱方略 / 夏祖印主编.--合肥:安徽科学技术出版社,2018.2

(致富一招鲜系列)

ISBN 978-7-5337-7537-7

Ⅰ.①种… Ⅱ.①夏… Ⅲ.①樱桃-果树园艺

Ⅳ.①S662.5

中国版本图书馆 CIP 数据核字(2018)第 026509 号

种樱桃赚钱方略 　　　　　　　　　　　　　　　　　主编　夏祖印

出 版 人:丁凌云　　　选题策划:刘三珊　　　责任编辑:王爱菊

责任印制:廖小青　　　封面设计:王天然

出版发行:时代出版传媒股份有限公司　http://www.press-mart.com

　　　　　安徽科学技术出版社　　　　　http://www.ahstp.net

　　　　　(合肥市政务文化新区翡翠路 1118 号出版传媒广场,邮编:230071)

　　　　　电话:(0551)63533330

印　　制:合肥创新印务有限公司　　　电话:(0551)64321190

(如发现印装质量问题,影响阅读,请与印刷厂商联系调换)

开本:710×1010　1/16　　　印张:13.75　　　字数:237 千

版次:2018 年 2 月第 1 版　　2018 年 2 月第 1 次印刷

ISBN 978-7-5337-7537-7　　　　　　　　　定价:29.50 元

版权所有,侵权必究

前　言

　　樱桃是北方落叶果树中成熟最早的果树树种，为"百果之先"。樱桃的上市期处在春末夏初果品市场上新鲜果品青黄不接的时期，填补了鲜果供应的空白，对丰富市场、均衡果品周年供应、满足人民消费需要起着重要的作用。樱桃具有抗旱、适应性较强、能生长于坚硬且不肥沃的土地、成本低、经济效益高等优点，是北方落叶果树中经济效益最高的树种之一。特别是在我国内陆地区春旱、小气候好、果实成熟早的地区，售价更高，经济效益更为可观。因此，因地制宜地发展樱桃生产，对开发山区、调整农村产业结构具有重要意义。樱桃种植具有十分广阔的市场前景，经济效益显著。为了能更好地推广优质樱桃生产项目，提高广大农民兄弟的经济效益，我们特组织相关人员编写了这本《种樱桃赚钱方略》。

　　本书以图文结合的形式系统介绍了樱桃的生物学特性、苗木繁育技术、樱桃建园技术、土肥水管理技术、整形修剪技术、花果促控技术、树体保护技术、病虫害综合防治技术、果实采收及商品化处理、樱桃保护地栽培及樱桃生产中的一些常见技术和生产经营致富之道等内容。

　　本书在编写过程中简化了烦琐的理论知识，着重强调了必备的、应用性强的基础知识，以方便广大农民朋友学习掌握。同时，书中还引用了大量图片，文字叙述力求简洁明了，旨在提高农民朋友学习兴趣和学习效率。

　　本书在编写过程中，参考了大量的出版物和相关种植网站，在此表示最诚挚的谢意！

　　由于作者水平有限，书中难免存在一些错误和不足，恳请广大读者批评指正。

编　者

目　录

第一章　樱桃栽培基础知识 …………………………………… 1

第一节　樱桃生产概述 …………………………………… 1

一、发展樱桃栽培的意义 …………………………… 1

二、樱桃起源及发展现状 …………………………… 3

三、樱桃产业发展存在问题及建议 ………………… 6

第二节　樱桃的主要种类和优良品种 ………………… 9

一、主要种类 ………………………………………… 9

二、优良品种 ………………………………………… 10

第三节　樱桃的生物学特性 …………………………… 19

一、生长结果习性 …………………………………… 19

二、发育周期 ………………………………………… 22

三、授粉调节 ………………………………………… 25

四、对环境条件的要求 ……………………………… 26

第二章　苗木繁育技术 ………………………………………… 30

第一节　优良砧木种类 ………………………………… 30

一、樱桃矮化砧木 …………………………………… 30

二、樱桃半矮化砧木 ………………………………… 31

三、樱桃乔化砧木 …………………………………… 32

第二节　樱桃苗圃建立 ………………………………… 33

一、苗圃地选择 ……………………………………… 33

二、苗圃区划及基础建设 …………………………… 33

三、苗圃地整理 ……………………………………… 34

第三节　苗木繁殖方法 ………………………………… 35

一、组织培养繁殖 …………………………………… 35

二、压条繁殖 ………………………………………… 36

三、绿枝扦插 …………………………………… 37

四、硬枝扦插 …………………………………… 37

五、种子实生繁殖 ……………………………… 38

六、嫁接繁殖 …………………………………… 39

第四节 苗木出圃 …………………………………… 40

一、分级包装运输 ……………………………… 40

二、苗木假植 …………………………………… 41

三、苗木检疫消毒 ……………………………… 41

第三章 樱桃建园技术 ……………………………… 42

第一节 樱桃园地选择 ……………………………… 42

一、对气候条件的要求 ………………………… 42

二、对周围环境条件的要求 …………………… 42

三、对土壤和重茬等条件的要求 ……………… 43

第二节 樱桃园地规划 ……………………………… 43

一、栽培方式选择 ……………………………… 43

二、园地规划 …………………………………… 44

三、确定株行距 ………………………………… 45

四、整地 ………………………………………… 45

第三节 樱桃定植技术 ……………………………… 46

一、品种配植 …………………………………… 46

二、定植时期 …………………………………… 47

三、栽植密度 …………………………………… 47

四、定植方法 …………………………………… 48

五、防止幼树抽条 ……………………………… 49

第四章 土肥水管理技术 …………………………… 51

第一节 土壤管理 …………………………………… 51

一、扩穴改土 …………………………………… 51

二、中耕松土 …………………………………… 51

三、果园间作 …………………………………… 52

四、树盘覆盖 …………………………………… 52

第二节　施肥 …………………………………………… 53

一、樱桃施肥特点 …………………………………… 53

二、常见肥料种类 …………………………………… 55

三、合理施肥 ………………………………………… 58

第三节　灌水和排水 …………………………………… 61

一、樱桃需水特点 …………………………………… 61

二、灌溉用水质量 …………………………………… 62

三、适时浇水 ………………………………………… 62

四、灌溉方式 ………………………………………… 63

五、樱桃园保墒 ……………………………………… 65

六、及时排水 ………………………………………… 65

第五章　樱桃整形修剪技术 ……………………………… 66

第一节　整形剪修理论基础 …………………………… 66

一、顶端优势与干性 ………………………………… 66

二、萌芽率与成枝率 ………………………………… 66

三、结果习性 ………………………………………… 67

四、芽的早熟性 ……………………………………… 67

五、樱桃树冠 ………………………………………… 67

第二节　樱桃丰产树形结构 …………………………… 68

一、细长纺锤形 ……………………………………… 68

二、小冠疏层形 ……………………………………… 69

三、自然开心形 ……………………………………… 71

四、丛状形 …………………………………………… 71

五、圆柱形 …………………………………………… 72

第三节　樱桃修剪技术 ………………………………… 72

一、夏季修剪技术 …………………………………… 72

二、冬季修剪技术 …………………………………… 75

三、结果枝组培养 …………………………………… 77

第四节　不同龄期的修剪技术 ………………………… 78

一、幼龄期树的修剪技术 …………………………… 78

二、初果期树的修剪技术 …………………………………… 80

三、盛果期树的修剪技术 …………………………………… 81

四、结果枝组的修剪技术 …………………………………… 81

五、衰老期树的修剪技术 …………………………………… 82

六、放任生长树的修剪技术 ………………………………… 82

第五节　不同品种树的修剪 ………………………………… 82

一、那翁类型品种的修剪 …………………………………… 82

二、大紫类型品种的修剪 …………………………………… 83

三、紫樱桃类型品种的修剪 ………………………………… 83

第六章　花果促控及树体保护技术 ………………………… 86

第一节　樱桃花果促控技术 ………………………………… 86

一、幼龄树促花技术 ………………………………………… 86

二、花果保护技术 …………………………………………… 88

三、提高优质果品率技术 …………………………………… 89

第二节　樱桃树体保护技术 ………………………………… 92

一、防止樱桃幼树抽条 ……………………………………… 92

二、防止樱桃冻害 …………………………………………… 93

三、树体伤口的保护 ………………………………………… 95

四、其他自然灾害的预防 …………………………………… 96

第七章　病虫害综合防治技术 ……………………………… 100

第一节　病虫害综合防治原则及措施 ……………………… 100

一、综合防治原则 …………………………………………… 100

二、综合防治基本措施 ……………………………………… 100

第二节　主要病虫害及其防治技术 ………………………… 102

一、樱桃主要病害及其防治技术 …………………………… 102

二、樱桃主要虫害及其防治技术 …………………………… 109

第三节　化学农药在生产中的安全应用 …………………… 125

一、化学农药安全使用原则 ………………………………… 125

二、化学农药防治樱桃病虫害的原理 ……………………… 126

三、化学农药防治樱桃病虫害的方法 ……………………… 128

四、化学农药防治樱桃病虫害的安全应用 ·················· 129

第八章　果实采收及商品化处理 ························· 132

第一节　樱桃的采收 ···································· 132

一、采收前的准备工作 ······························· 132

二、采收时期的确定 ································· 132

三、樱桃采摘方法 ··································· 134

四、田间果实处理 ··································· 136

第二节　樱桃果实商品化处理 ···························· 136

一、果实预冷处理 ··································· 137

二、果实清洗消毒 ··································· 138

三、果实分级 ······································ 138

四、果实包装 ······································ 140

五、包装标识标志 ··································· 140

六、运输与销售 ···································· 141

第三节　樱桃果实保鲜贮藏 ······························ 142

一、果实采前注意事项 ······························· 142

二、果实采后处理 ··································· 143

三、保鲜贮藏方法 ··································· 144

第四节　樱桃产品深加工 ································ 145

一、樱桃浓缩澄清汁 ································· 146

二、樱桃混浊汁 ···································· 147

三、糖水染色樱桃 ··································· 148

四、蜜饯樱桃 ······································ 149

五、樱桃酒 ·· 151

六、樱桃果酱 ······································ 152

第九章　樱桃保护地栽培 ····························· 153

第一节　日光温室建造 ································ 153

一、日光温室及其组成 ······························· 153

二、日光温室的采光设计 ····························· 156

三、日光温室的保温设计 ····························· 159

四、日光温室内各变化规律 ··························· 161

五、常用棚膜类型及其特点 ‥‥‥‥‥‥‥‥‥‥‥‥‥‥ 165

六、塑料大棚 ‥‥‥‥‥‥‥‥‥‥‥‥‥‥‥‥‥‥‥‥‥ 166

第二节 设施栽培技术 ‥‥‥‥‥‥‥‥‥‥‥‥‥‥‥‥‥‥ 167

一、设施区的建设与栽植 ‥‥‥‥‥‥‥‥‥‥‥‥‥‥‥ 167

二、整形修剪 ‥‥‥‥‥‥‥‥‥‥‥‥‥‥‥‥‥‥‥‥‥ 170

三、促花技术 ‥‥‥‥‥‥‥‥‥‥‥‥‥‥‥‥‥‥‥‥‥ 175

四、扣膜、上草帘的时间与技术 ‥‥‥‥‥‥‥‥‥‥‥‥ 178

五、升温时间的确定 ‥‥‥‥‥‥‥‥‥‥‥‥‥‥‥‥‥ 180

六、升温后温湿度管理 ‥‥‥‥‥‥‥‥‥‥‥‥‥‥‥‥ 181

七、土肥水管理 ‥‥‥‥‥‥‥‥‥‥‥‥‥‥‥‥‥‥‥ 182

八、花果管理 ‥‥‥‥‥‥‥‥‥‥‥‥‥‥‥‥‥‥‥‥‥ 185

九、果实采收后的常规管理 ‥‥‥‥‥‥‥‥‥‥‥‥‥‥ 189

第十章 樱桃种植经营致富花絮 ‥‥‥‥‥‥‥‥‥‥‥‥‥‥ 191

一、大樱桃种植前景及关键技术 ‥‥‥‥‥‥‥‥‥‥‥‥ 191

二、樱桃树种植成了农民赚钱好项目 ‥‥‥‥‥‥‥‥‥‥ 192

三、辽宁营口刘川:密植矮化种植樱桃,亩产可达 7 500 千克 ‥ 193

四、王典松:种植十亩大棚樱桃年入百万 ‥‥‥‥‥‥‥‥ 194

五、山东栖霞"樱桃姐"刘汉真种樱桃年入 20 万元 ‥‥‥‥ 195

六、北碚:小樱桃大产业,小华蓥村种植樱桃走向致富路 ‥ 196

七、付宝库:种植美早樱桃,引领村民致富 ‥‥‥‥‥‥‥ 197

八、河南博爱县小底村:小樱桃结出致富果 ‥‥‥‥‥‥‥ 198

九、青岛:特色产业扶贫,大樱桃变身"脱贫致富果" ‥‥‥ 199

十、十里樱桃映红致富路 ‥‥‥‥‥‥‥‥‥‥‥‥‥‥‥ 201

十一、樱桃照亮"致富梦",青岛北宅樱桃节收入超千万 ‥ 201

十二、贵州纳雍:满山樱桃红似火,产业"造血"致富忙 ‥ 204

十三、产业融合:满树樱桃颗颗赚钱,农民有收获还有休闲 ‥ 206

十四、怎样种出好樱桃:蜜蜂授粉+绿色防控=好樱桃 ‥‥ 206

参考文献 ‥‥‥‥‥‥‥‥‥‥‥‥‥‥‥‥‥‥‥‥‥‥‥‥‥ 210

第一章　樱桃栽培基础知识

第一节　樱桃生产概述

一、发展樱桃栽培的意义

樱桃在落叶果树中果实成熟最早，为"百果之先"。樱桃果实成熟正处于春末夏初果品市场上新鲜果品青黄不接的时期，填补了鲜果供应的空白，对丰富市场、均衡果品周年供应、满足人民消费需要起着重要的作用。樱桃果实色泽鲜艳、肉嫩多汁、甜酸可口、营养丰富，外观和内在品质皆佳，被誉为"果中珍品"。据分析，每 100 克樱桃可食部分中含碳水化合物 12.3～17.5 克，其中糖分 11.9～17.1 克，蛋白质 1.1～1.6 克，有机酸 1.0 克。樱桃含多种维生素，其内胡萝卜素是苹果含量的 2.7 倍、维生素 C 的含量超过苹果和柑橘。樱桃含较多的钙、磷、铁，其中铁的含量在水果中居首位，比苹果、梨、柑橘等高 20 多倍。樱桃还有药用价值，其果实、根、枝、叶、核皆可药用，叶片和枝条煎汤服用可治疗腹泻和胃痛；老根煎汤服用可调气活血，平肝去热；种子油中含亚油酸 8%～44%，是治疗冠心病、高血压的药用成分；樱桃果实有促进血红蛋白再生作用，贫血患者、眼角膜病者、皮肤干燥者多食甚为有益。

樱桃果实的生长发育期短，其间一般无须施药，因此，不易被农药污染，是真正的"绿色食品"。樱桃果实一般用于鲜食，也适宜加工制成糖水樱桃罐头、樱桃汁、樱桃酒、樱桃脯、樱桃酱、樱桃羹、樱桃干、什锦樱桃等 20 余种产品。近几年，我国樱桃鲜果及其加工制品每年都有一定量出口。樱桃花期早，是早春的蜜源植物，可促进早春蜂群的繁殖和发展。樱桃树姿秀丽，花朵茂盛，果实绯红犹如玛瑙、又似宝石，甚为美观，是园林绿化及发展庭院经济的优良树种。

樱桃园管理比较省工，由于樱桃果实的生长期很短，从樱桃能食用到采摘约 10 天时间，所以看守果园时间也只需 10 天左右，这相较其他果树大为省工。另外，樱桃的病虫害比较少，没有蚜虫危害，也没有侵害果实的食心虫及其他果实病害。在我国北京地区顺义高丽营和马坡乡的樱桃园，每年只需施 2 次农药（附近的苹果树要打 10 次农药）即可令其正常生长结果。另外,大樱桃投资少、产值高,是当前落叶果树中经济效益最高的树种,特别是发展反季节的塑料大棚樱桃,经济效益更高。发展樱桃生产是一条农民脱贫致富、提前进入小康的有效途径。

樱桃是北方落叶果树中成熟最早的果树树种。春末夏初,正当果品市场鲜果缺乏之际,中国樱桃首先供应市场,弥补早期果品市场的空缺,继而又有大樱桃上市,与草莓、早熟桃、杏等相衔接,在调节鲜果淡季、均衡果品周年供应和满足人民需求方面具有重要作用。

樱桃具有抗旱、耐瘠薄（坚硬且不肥沃的土地）、适应性较强、成本低、经济效益高等特点,是北方落叶果树中经济效益最高的树种之一。特别是在内陆春旱、小气候好、果实成熟早的地区,售价更高,经济效益更为可观。因此,因地制宜地发展樱桃生产,对开发山区、调整农村产业结构具有重要意义。

小贴示

车厘子和樱桃有什么区别?

如图 1-1、图 1-2 所示为车厘子和樱桃。车厘子是樱桃吗?很多人不知道车厘子是什么,其实车厘子就是英语单词 cherries(樱桃)的音译,原产于美国、加拿大、智利等美洲国家,20 世纪 90 年代开始在中国种植,主要分布在北京、辽宁、山西等地。我们一般说的小樱桃是中国樱桃——个小、色红、皮薄,在中国的种植比较广。车厘子和樱桃都是樱桃的果实,但也还是有所区别。那么,车厘子和樱桃的区别是什么呢?

图 1-1　车厘子

图 1-2　樱桃

(1) 从外观和口感方面来看。车厘子是黑紫色的,比樱桃大一点,口感一般比国产樱桃甜一些,硬一些。果实硕大、坚实而多汁,入口甜美,果肉细腻,色清、汁无色,入口清香可口,甜美细嫩,与众不同。

（2）从生长习性方面来看。美国西北车厘子是少数季节性水果之一。它只是在每年的6月中旬出产,而到8月中旬,除了在高山地区少量的出产外,美国西北车厘子就完成了为人们提供夏季美食的使命,等待着来年再次让您一饱口福。中国樱桃约每年5月份成熟,多于山坡向阳处或沟边,喜土质疏松、土层深厚的沙壤土,喜温暖而湿润的气候,适宜在年平均气温15～16℃的地方栽培。

（3）从营养价值方面来看。车厘子和樱桃的区别不大,车厘子的含铁量特别高,位于各种水果之首。常食可补充人体对铁元素的需求,促进血红蛋白再生,既可防治缺铁性贫血,又可增强体质、健脑益智。中国樱桃营养丰富,具有调中益气、健脾和胃、祛风除湿等功效,对食欲不振、消化不良、风湿身痛等均有益处。经常食用樱桃可养颜驻容,使皮肤红润嫩白,去皱消斑。

二、樱桃起源及发展现状

（一）樱桃起源

在温带比较寒冷的地区,樱桃和李子是仅次于苹果、梨的两种重要果树。樱桃属植物有120种以上,世界上作为果树栽培的仅有4种,即中国樱桃、欧洲甜樱桃、欧洲酸樱桃和毛樱桃。供作砧木用的有马哈利樱桃、山樱桃、沙樱桃及酸樱桃与草原樱桃的杂交种等。在樱桃的4个栽培种中,尤以中国樱桃、欧洲甜樱桃、欧洲酸樱桃为最重要。

中国樱桃原产于中国,据考证已有3 000多年的栽培历史。1965年我国考古工作者从湖北江陵战国时期的古墓中发掘出樱桃种子,经鉴定是中国古樱桃。我国古代文献中也有许多关于樱桃的记载,西汉古书《尔雅》（公元前2世纪）中记载:"楔荆,即樱桃。"东汉时期的古书《四民月令》（公元140—160年）中有"羞以含桃,先荐寝庙"的记载。到北魏（公元533—544年）时期,北魏的高阳（今山东临淄西北）太守贾思勰著《齐民要术》对樱桃的栽培技术有了详细记述:"二月初,山中取栽;阳中者还种阳地,阴中者还种阴地（若阴阳异地则难生,生亦不实。此果性阴地,既入园圃,便是阳中故多难得生,易坚实之地,不可用虚粪也)。"足见我国自古以来就很珍视这种水果。目前,中国樱桃在我国虽然栽培数量不多,但分布很广,北起辽南、华北,南至云南、贵州,西到青海、甘肃、新疆都有栽培,尤以江苏、山东、安徽、浙江栽培最多。但由于种种原因,中国樱桃一直没有经过现代育种技术的改良,发展缓慢。近年来,随着改革开放政策的实施,我国经济发展迅速,人民生活水平大幅度提高,对鲜果的需求大为增长,早熟、质优、高产的中国樱桃优良品种的栽培有增长趋势。在种质资源利用上,中国樱桃早熟、质优等特点更引起了包括英国、乌克兰、俄罗斯等国育种专家的重视,随着胚子不减数育种新技术的利用和发展,早熟、质优、大果、耐贮运、丰产的中国樱桃新品种将可能选育成功,届时将进一步推动中国樱桃的发展。

甜樱桃又叫大樱桃、洋樱桃。植物学家和考古学家研究认为,欧洲甜樱桃原产于亚洲西部和欧洲东南部,在公元前 1 世纪已经开始栽培利用,到公元 2—3 世纪逐渐传到欧洲大陆各地,特别是德国、法国、英国等国。正式经济栽培始于 16 世纪,17世纪由移民传入新大陆,18 世纪初引入美国。直到 1767 年前,樱桃栽培仍采用种子实生繁殖,其中以俄勒冈州和加利福尼亚州栽培为最多。1874—1875 年日本从美国、欧洲引进多种甜樱桃种苗,在明治时代开始了甜樱桃的栽培。

我国甜樱桃栽培开始于 19 世纪 70 年代。当时,樱桃经西方传教士、侨民、船员等引入中国烟台并开始栽培。据《满洲之果树》(1915 年)记载,1871 年,美国传教士倪恩斯引进首批 10 个品种的大樱桃栽于烟台的东南山;1880—1885 年烟台莱山区樗岚村的王子玉从朝鲜仁川引进那翁品种;1890 年,芝罘区朱家庄村的朱德悦通过美国海员引进大紫品种。这些品种到民国初年已传播到牟平、龙口、蓬莱、威海等地。除烟台以外,山东其他地区也有种植:在 1920 年前后,德国传教士将甜樱桃品种带到费县的塔山林场,后传到蒙阴、沂水、临沂等地;1930 年前后,泰安原耶稣家庭果园(今山东省果树研究所二果园)自日本引进 300 多株那翁品种;1935 年原青岛果产公司又直接从美国引进大紫、那翁、高砂等品种。除山东外,新疆的塔城于 1887年从俄国引进甜樱桃,辽宁的旅大地区和河北的昌黎、秦皇岛等地早期也有引入。

综上所述,我国栽培甜樱桃已有 120 多年历史。百余年来的栽培实践表明,甜樱桃适合我国的风土条件,并在渤海湾沿岸形成集中产地。山东是我国樱桃栽培面积最大、产量最多的省份,樱桃已成为山东地方名优果品。山东地区除黄河故道鲜见栽培外,其他各地市均有栽培。辽宁集中分布在辽南的大连地区。河北省的主产地是秦皇岛和昌黎。另外,北京、山西、江苏、安徽、河南、四川、甘肃、新疆、陕西、湖北等省、自治区、直辖市也都已引种栽培。

欧洲酸樱桃的栽培主要是欧美各国，其面积和产量比甜樱桃还多。特别是苏联，其酸樱桃品种资源极为丰富，年产量在 40 多万吨，是甜樱桃产量（8 万吨）的 5 倍多，主要用于加工罐头、果汁、果脯等。我国对酸樱桃的栽培重视不够，品种只有一个，即摩巴酸，栽培面积约 4 000 亩（1 亩≈667 平方米），主栽培区集中在山东邹城市东部山区。今后，随着我国农产品加工工业的发展及人们饮食习惯的变化，对欧洲酸樱桃的引种和栽培也将逐步发展。

大樱桃（包括欧洲甜、酸樱桃）是世界各国广为栽培、引人注目的果树树种。据 1985—1987 年不完全统计，全世界大樱桃产量在 220 万～230 万吨，其中 98％产在北半球。南半球仅在智利、阿根廷、新西兰、澳大利亚和南非等国有少量栽培。在北半球中，欧洲又占世界总产量的 81％，北美占 13％，亚洲产量最小。甜樱桃的主要生产国为德国（14 万～17 万吨）、意大利（15 万～17 万吨）、美国（12 万～16 万吨）、法国（10 万～11 万吨）、土耳其（9 万～10 万吨）等。樱桃的主产国为苏联（40 万吨）、德国（11 万～12 万吨）、美国（12 万～13 万吨）、前南斯拉夫（10 万～13 万吨）和波兰（7 万～8 万吨）等。我国大樱桃栽培总面积为 6 万亩左右，总产量 5 000 吨左右，与世界主产国相比，差距甚大。目前，我国樱桃栽培主要集中在烟台市，其栽培面积约占全国总面积的 2/3，年产量 3 500 吨，约占全国总产量的 70％。因此，在我国因地制宜地发展大樱桃生产，对我国农村发展高效农业战略，加快农民奔小康步伐都有重要意义。

（二）樱桃产业发展现状

我国樱桃，尤其是大樱桃的栽培面积和产量在世界所占的份额较小，在国内水果中所占的份额也非常小，这就意味着我国樱桃产业有很大的发展空间。联合国粮农组织（FAO）的一项资料显示，除了中国之外，世界大约有 55 亿人口，占有约 500 万亩进入结果期的樱桃园，即平均每 10 亿人口约有 100 万亩的结果樱桃园。如果我国要达到这样的平均水平，则应该有约 130 万亩的结果樱桃园。除中国外，适于种植樱桃的温带国家的总人口不超过 25 亿。也就是说除中国之外，世界适于种樱桃的地区，平均每 10 亿人口已有结果樱桃园 200 万亩以上。如果我国要达到这一平均水平，则应有 260 万亩的结果樱桃园。再把我国农村人口众多、消费水平较低等因素考虑进去，把 2015 年结果樱桃园的规模降为 100 万亩，我们认为这样的规模,不会出现过剩的问题。这就是说,在我国现有的樱桃栽培面积的基础上,增加到3倍的面积,待其全部进入结果期,可实现我国人均樱桃消费量接近现有世界平均水平。

同时,我国大樱桃的出口创汇优势明显,原因有二:一是大樱桃果实生长期很少喷施农药,可真正生产出无公害果品;二是大樱桃成熟以后的采摘用工量较大,国外劳动力价格贵、成本高,我国劳动力资源丰富,价格相对低廉,生产成本低,出口有价格优势。所以,我国大樱桃产业前景广阔。

三、樱桃产业发展存在问题及建议

(一)樱桃产业发展中存在的问题

1. 新产区产业发展相对滞后

近年来,陕西、甘肃、四川、北京等新产区的甜樱桃生产发展较快,但这些地区甜樱桃产业的规模与大连、烟台等传统的甜樱桃生产区仍有较大的差距。据分析,我国甜樱桃栽植面积约80%集中在环渤海地区,而这些地区甜樱桃果实成熟期多在5—6月。不同地区产业发展的不平衡和贮运技术的落后使得甜樱桃应市期过于集中的问题更为突出。

2. 栽培管理技术有待提高

在我国大连、烟台等传统的甜樱桃生产区,中上等管理水平的盛果期甜樱桃园,每亩产量通常在1 500千克左右,与世界主要生产国的单位面积产量差别不大。但多数果园因品种、砧木选择不当,加上栽培管理技术落后,进入盛果期的时间较晚,或罹根癌病、病毒病等引起树体早衰,降低了果园的经济寿命。在甜樱桃栽培的新产区,因缺少品种区域试验等大型科研项目的技术支撑,选择适栽品种和相关的配套栽培技术等与产业发展紧密相关的一些关键技术目前还没有完全解决,生产上普遍存在着投产晚、单产低等问题。近年来,有关部门对来自苗木、接穗和根系土壤传播的病虫害检疫不严,致使根癌病、花叶病毒等多种危害较大的检疫性病害在山东、河南、陕西樱桃产区传播危害,给生产造成了较大损失。设施栽培是调节甜樱桃产期的有效途径,但目前管理技术尚不成熟,在生产上隔年结果的情况较为普遍,需要进一步开展相关试验研究工作。

3．贮藏和运输技术落后

贮藏和运输技术的落后限制了产业发展规模。甜樱桃属不耐贮运的果品，贮藏期和货架期均远低于苹果、梨等大宗水果，而我国甜樱桃的贮运保鲜技术却远落后于苹果、梨等大宗水果。目前，我国甜樱桃自动化冷库和气调库贮藏仅处于试验或小规模应用阶段，大宗的甜樱桃商品仍只能就近供应市场，较少进入大中城市的果品超市。笔者认为，贮藏和运输技术落后在很大程度上制约着产业规模的发展。

4．果品市场体系不完善

果品市场体系建设不完善是阻碍我国甜樱桃产业发展规模的另一个重要因素。目前，我国甜樱桃生产的主要方式是以农户为单位分散经营的小规模果园，由于市场信息流通不畅，农民经纪人、运销商、中介组织等中间流通环节的主体地位并未形成，具有价格形成机制的大型农产品批发市场数量少，区域分布不均衡，果品市场流通的方式主要是农户自产自销及小商贩贩运，严重制约了产品流通的现代化进程，同时对甜樱桃产业发展有较大的负面影响。

（二）樱桃产业发展的几点建议

1．加强樱桃产业重大关键技术的科研工作

分析我国甜樱桃产业发展现状，甜樱桃投产晚、单产低、贮运技术落后等原因是影响产业健康发展的重大关键技术尚未完全解决。笔者认为，目前应重点开展以下重大关键技术的系统研究工作。

（1）加强不同产区樱桃优良品种的生态适应性研究，良种良砧与良法配套。建立与规模化相适应的标准化栽培技术，提高果品质量，提倡绿色环保的生产方式，在生态适宜区推广绿色果品生产。加强甜樱桃设施栽培技术的研究工作，实现丰产稳产。

（2）建立樱桃病毒检测中心、国家级樱桃良繁中心，对国内主要品种和砧木进行病毒检测，引进和生产无病毒抗性砧木和品种，建立无病毒苗木采穗圃，开展商业性病毒检测工作，加大生产樱桃嫁接苗木的现代化苗木企业的建设，力争在 10 年内实现甜樱桃苗木生产无毒化。

（3）强化樱桃采后保鲜、贮运、销售技术的研究。研发经济高效的贮藏设施和保鲜剂，逐步解决冷链物流体系各环节的技术问题，提高生产装备技术水平，实现采

后保鲜、贮运的标准化、规模化、专业化管理,大幅延长鲜食樱桃的供市期。

（4）规划甜樱桃育种目标、育种手段和分工合作。对我国主栽品特别是特色品种进行品系选优,形成我国樱桃育种科研体系。加强我国樱桃野生资源的收集、保存、研究和利用工作。

2. 优化我国樱桃产业布局

根据我国各甜樱桃产区自然条件、经济状况、现有规模、市场容量等因素综合分析,在今后的一段时期内,应稳定环渤海湾地区现有甜樱桃栽培面积,逐步扩大渭河、黄河、淮河沿线以北地区和西南高海拔地区的甜樱桃栽培面积,适度发展西北与东北地区的甜樱桃设施栽培。我国陕西南部、甘肃南部、云南、四川等省、自治区的部分适栽区,甜樱桃可在4月下旬上市。陕西关中、山西南部和河南适栽区可在5月上中旬成熟上市,环渤海地区甜樱桃在5月下旬至6月中旬逐步上市。随着贮运技术的改进和产品流通现代化进程的逐步实现,必将有效缓解甜樱桃产期集中的矛盾,从而有效延长市场供应期,进一步扩大各甜樱桃产区的发展规模。

3. 建立标准化生产体系,提高果品质量

目前,我国以农户为单位,分散经营的甜樱桃园管理水平参差不齐,多数果农缺乏管理经验,这种现象在新产区表现尤为突出,在很大程度上影响了当地甜樱桃产业的效益。因此,有必要在科学试验的指导下,建立不同产区的标准化生产体系,实现良种良砧与良法配套。各地在推广标准化生产体系中,要充分发挥农业科技推广部门的作用,对分散经营的甜樱桃园统一进行技术指导,引导果农科学管理。根据国内外市场的需求特点,应注重提高果品质量,重点发展绿色、无公害、有机鲜食樱桃。根据目前甜樱桃园病害严重的实际情况,应针对樱桃溃疡病、根腐病、病毒病等,建立可行的重大疫情预警体系和快速反应机制,配套相应的疫区隔离政策与补偿机制,遏制危险性病虫害的入侵和传播。建立全国和地区性樱桃病虫害监测和防治网络,进行病虫害预测预报和病虫害综合防治研究与推广,控制樱桃主要病虫害的发生与危害。

4. 完善果品市场体系建设

我国甜樱桃产业规模的发展在很大程度上依赖完善的果品市场体系建设。果品的市场销售通常要经过批发（中间商）、贮运、零售等环节,其中果品批发市场的"集聚—扩散"功能在果品销售中发挥了重要作用。因此,各产区应注重集中产地的现代化果品批发市场建设。根据甜樱桃不耐贮运的特点,果品批发市场应配置中小型自动化冷库或气调库,逐步实现冷藏运输,以延长果品应市期和拓展非产地果品销售业务。构建市场信息网络,及时发布产品供求信息,实现市场信息通畅。以各级樱桃协会等农民合作经济组织为纽带,实行"公司＋农户"的经营模式,降低营销成本;以果品批发市场为平台,支持、引导果品经营商、农民个体运销户及经纪人参与甜樱桃果品的营销,充分发挥他们在拓展销售渠道中的作用;在果品销售地建立连锁超市,从产地采购农产品,经冷藏运输,直接进入零售市场;通过多种途径走新型产业化发展道路。

第二节　樱桃的主要种类和优良品种

樱桃是蔷薇科樱桃属植物,本属植物种类甚多,分布于我国的约有 16 种,其中栽培种有中国樱桃、甜樱桃、酸樱桃、甜杂种樱桃和毛樱桃。实际上作为商品生产的只有中国樱桃和甜樱桃两种。樱桃的品种很多,世界各地栽培的甜樱桃品种就多达 6 000 多个。我国栽培的中国樱桃品种也有 100 多个,且各地产区都有一些地方良种。

一、主要种类

樱桃是蔷薇科樱桃属植物,本属植物种类甚多,我国主要栽培的有 3 种。

1. 中国樱桃

灌木或小乔木,树高 4～5 米。叶片小,叶缘齿尖锐。果实小,重 1 克左右,多为鲜红色,果肉多汁皮薄,肉质松,不耐贮运。

中国樱桃品种甚多,例如安徽太和的大鹰甘樱桃、金红樱桃、杏黄樱桃;南京的垂丝樱桃、东塘樱桃、银珠樱桃;浙江诸暨的短柄樱桃;山东的泰山樱桃;枣庄的大窝楼叶、小窝楼叶、莱阳短把大果;滕县大红樱桃;崂山短把红樱桃、诸城黄樱桃;北京的对樱桃等都是地方优良品种。

2. 欧洲甜樱桃

乔木,株高 8～10 米,生长势旺盛。枝干直立,极性强,树皮暗灰色有光泽。叶片大而厚,黄绿或深绿色,先端渐尖;叶柄较长,暗红色,有 1～3 个红色圆形蜜腺;叶缘锯齿圆钝,这是和中国樱桃的重要区别。1 个花芽内有花 2～5 朵,花白色。果实大,单果重一般在5～10克以上,色泽艳丽,风味佳,肉质较硬,贮运性较好,以鲜食为主,也适宜加工,经济价值高,是世界各地及我国已栽培并正在大量发展的一个品种。其品种在后面要做详细介绍。

3. 欧洲酸樱桃

灌木或小乔木,树势强健,树冠直立或开张,易生根蘖。枝干灰褐色,枝条细长而密生。叶小而厚,叶质硬,具细齿,叶柄长。果实中等大,一般比甜樱桃小而比中国樱桃大,少数品种果实较大。所以严格地说,大樱桃应该包括酸樱桃中个头大的品种。酸樱桃果实红色或紫红色,果皮与果肉易分离,味酸,适宜加工或提取天然色素。耐寒性强,结果早。

该品种原产于欧洲东南部和亚洲西部,传入我国的时期与甜樱桃相同,但栽培量不大。

二、优 良 品 种

樱桃优良品种很多,主要栽培品种有以下几种。

1. 那翁

那翁又名黄樱桃、黄洋樱桃,是欧洲原产的一个古老品种。1880年前后由韩国仁川引入我国,目前是我国烟台、大连等地的主要栽培品种,全国各地早期引入种植也以那翁为主。

那翁是一个黄色、硬肉、中熟的优良品种。树势强健,树冠大,枝条生长较直立。结果后长势中庸,树冠半开张。萌芽率高,成枝力中等,枝条节间短,花束状结果枝多,可连续结果20年左右。叶形大,椭圆形至卵圆形,叶面较粗糙。每个花芽开花1～5朵,平均2.8朵,花梗长短不一。果实较大,平均重6.5克左右,大者8.0克以上;正心脏形或长心形,整齐;果顶尖圆或近圆,缝合线不明显;果梗长,不易与果实分离;果肉浅米黄色,致密多汁,肉质脆,酸甜可口,品质上等;含可溶性固形物13%～16%,可食部分占91.6%;果核中大、离核。成熟期6月上中旬,耐贮运。果实加工、鲜食均可。

那翁自花授粉结实力低,栽培上需配植大紫、红灯、红蜜等授粉品种。那翁适应性强,在山丘地砾质壤土和沙壤土栽培,生长结果良好。那翁花期耐寒性弱,果实成熟期遇雨较易裂果,降低品质。

2. 大紫

大紫又名大红袍、大红樱桃。原产俄罗斯，是一个古老的品种。1890 年前后引入我国山东烟台，后传至辽宁和河北昌黎、秦皇岛等地，为我国主栽品种。一般与那翁互为授粉品种，分布在老樱桃园内。大紫是一个紫红色、软肉、早熟品种。树势强健，幼树期枝条较直立，结果后开张。萌芽率高，成枝力强，枝条较细长，不紧凑，树冠大，结果早。叶片特大，呈长卵圆形；叶表有皱纹，深绿色；叶缘锯齿大而钝；蜜腺体多为 2 个，较大，紫黑色。果实较大，单果重 6.0 克，大者 9.0 克以上；心脏形至宽心脏形，果顶微下凹或几乎平圆，缝合线较明显；果梗中长而细，最长达 5.6 厘米；果皮初熟时为浅红色，成熟后为紫红色，充分成熟时为紫色、有光泽；果皮较薄，易剥离，不易裂果；果肉浅红色至红色，质地软，汁多，味甜，可溶性固形物占 12%～15%；果核大，可食部分占 90.8%。果实发育期为 40 天，5 月下旬至 6 月上旬成熟，成熟期不太一致，要注意分期采摘。大紫的丰产性不如那翁，果实不耐贮运。

3. 红灯

红灯的果实呈肾脏形，平均单果重 9.2 克，大的 12 克；果皮紫红色，富光泽，艳丽；果肉中硬，酸甜可口；可溶性固形物多在 14.5%～15%，可食率为 92.9%。树势强健，长势旺，萌芽率高，成枝力强，外围新梢中短截后，平均发出长枝 5.4 个；中下部侧芽萌发后多形成叶丛枝。幼龄期当年叶丛枝一般不形成花芽，随着树龄增长转化成花束状短果枝。进入结果期偏晚，在良好管理条件下，一般 4 年开始结果。初果期年限长，中、长果枝较多。到盛果期，短果枝和花束状果枝大大增加。适宜的授粉树种有巨红、滨库、红蜜、大紫，结实率都在 60% 以上。果实 5 月底至 6 月上旬成熟。红灯植株幼龄期直立，成龄期半开张，一到两年生枝直立粗壮。叶片特大、椭圆形、较宽，长 17 厘米，在新梢上呈下垂状生长，为其主要特征；叶缘复锯齿，大而钝，叶片质厚、深绿色、有光泽；基部有 2～3 个紫红色长肾形大蜜腺。花芽大而饱满。

红灯果实个大，色艳丽，早熟，多汁，半硬肉，味较淡，较耐贮运，是一红色优良早熟品种。采收前遇雨有轻微裂果。

4. 莫利

莫利属早熟品种，在烟台 5 月下旬至 6 月初成熟，20 世纪 90 年代比红灯提前 5～7 天成熟，近些年由于气候原因，成熟期则比红灯略早。果实呈现肾脏形，平均单果重 8 克左右，最大 12 克，可溶性固形物含量为 17% 左右。果皮鲜红色，完全熟时紫红色,有光泽,比红灯艳丽。果肉红色,果皮较厚而韧,肉质较脆,风味酸甜可口,品质上等。

莫利树体强健,树冠较开张,结果早,丰产性一般,早实性优于红灯,定植后一般3~4年结果,5~6年进入丰产期,比红灯提早1~2年。自花授粉结实率低,建园时应配置授粉树如红灯、先锋、拉宾斯等。目前,该品种烟台露地栽培较多,果价中等偏上,丰产性较差。

5. 早大果

1997年从乌克兰引进。树势中庸,树姿开张,枝条不太密集,中心干上的侧生分枝基角角度较大;一年生枝条黄绿色,较细软;结果枝以花束状果枝和长果枝为主。树姿自然开张,结果早、丰产性较高。自花不能授粉结果,需配置授粉树。果实个大,平均单果重8~10克,最大果重20克;近似圆形,果实深红色,充分成熟后紫黑色、鲜亮有光泽;果肉较硬,可溶性固形物16.1%~17.6%。果实发育期为35天左右,属早熟品种。

6. 早生凡

早生凡的果实肾脏形,性状与先锋相似,果顶较平,果顶脐孔较小。果实中大,单果重8.2~9.3克,树体挂果多时,果个偏小。果皮鲜红色至深红色、光亮、鲜艳,果肉硬,果肉、果汁粉红色,可溶性固形物含量17.1%。缝合线深红色、色淡,不很明显,缝合线一面果肉较凸,缝合线对面果肉凹陷。果柄短,约为2.7厘米。比红灯略长,果核圆形,中大,抗裂果,无畸形果。在烟台,5月23号左右,果实呈鲜红色,就可采收上市,5月28号果实呈紫红色。成熟期比红灯早5天左右,比意大利早红早熟3天,成熟期集中,1~2次即可采完。能自花授粉结果。

早生凡树姿半开张,属于短枝紧凑型。树势比红灯弱,比先锋强,但枝条极易成花,当年生枝条基部易形成腋花芽,一年生枝条甩放后易形成一串花束状果枝。节间短,叶间距2.4厘米,叶片大而厚,叶柄特别粗短,平均2.2厘米,具有良好的早果性和丰产性。花期耐霜冻。由于早生凡极丰产,所以必须加强肥水管理,维持中庸偏旺树势;否则,挂果过多,树势变弱,果个偏小。通过修剪每亩产量控制在1 000~1 250千克以上,以保持单果重8.5~9克。

7. 黑兰特

果实宽心脏形,果顶较平,脐点较大,缝合线一面果实较凸,缝合线对面较光滑或稍有凹沟,果肩较高。果个较大,平均单果重9.4克,大者11克,果个均匀,果核性状同红灯。果皮鲜红至紫红色;果肉红色,味甜,果柄中长,柄长 3.4 厘米,可食率占95.4%,可溶性固形物含量为 18%。果实生长后期,果面出现凹凸不平。抗裂果,但遇大雨时,梗洼处个别有裂口现象,果顶基本不裂口。在烟台,5月下旬成熟,比红灯早熟 3—5 天,大棚栽培比红灯早熟 12 天左右。

树势强健,树姿半开张。1 年生枝红褐色,2 年生枝灰褐色,多年生枝灰白色,枝条节间长。叶片中大,叶长 11 厘米,叶宽6.4 厘米,叶端锐尖,叶背有长、密的茸毛,叶柄长 3.1 厘米。结果早、丰产。丰产树应注意控制产量,并加强肥水管理;否则,负载量过大,树势偏弱,果个变小。

8. 芝罘红果

芝罘红果的果实呈宽心脏形,平均单果重 6 克,大的 9.5 克;果梗长而粗,一般长 5.6 厘米,不易与果实分离;果皮鲜红色、有光泽;果肉较硬,浅粉红色,汁较多,浅红色,酸甜适口;含可溶性固形物 16.2%,可食率占 91.4%。品质上等。果皮不易剥离,离核、核小。树势强健,萌芽率高。枝条粗壮,叶片大,叶缘锯齿、稀而大,齿尖钝。幼树进入盛果期后,以花束状果枝和短果枝结果为主,各类果枝结果能力均强,结果枝占全树生长点的 78%,丰产性强。果实 6 月上旬成熟,比大紫晚 3~5 天,成熟期较整齐,一般采收 2~3 次即可。

该品种果实早熟,外观漂亮,品质好,耐贮运,丰产,适应性和抗病力强,是一个品质优良的红色早熟品种。

9. 美早

美早果实圆呈短心脏形,果顶稍平;果实大型,平均单果重 11.5 克,最大 18 克;高产树平均果重9.1 克,果个大小较整齐。果皮紫红色或暗红色、有光泽;果肉淡黄色,肉质硬脆,肥厚多汁,风味上佳,可溶性固形物含量 17.6%,高者达 21%。果核呈圆形、中大,果实可食率占92.3%。果梗特别粗短。果实成熟发紫时,果肉硬脆、不变软,耐贮运是其突出特点。果面蜡质厚,无畸形果,雨后基本不裂果,但个别年份,个别果实顶部脐孔处有轻微的裂口。成熟期集中,一次即可采收完毕。在烟台,6 月上中旬成熟,比先锋早熟 7~9 天。

树体强健,萌芽力、成枝力均强,易成花,早产、早丰,自花结实率高,5~6 年丰产。花期耐霜冻。

10. 胜利

胜利的果实扁圆形;果个大,单果重 10~13 克;果柄中短,果皮紫红色;果肉、果汁暗红色,果肉较硬,果皮较厚,味酸甜,可溶性固形物含量18%～20%,耐贮运。树体强健,枝条粗壮,叶片大,有明显的短枝性状。一般4年结果,较丰产。在烟台,6月上中旬成熟。自花不能授粉结果,适宜选择的授粉树品种有早大果、先锋、雷尼等。

11. 萨米脱

萨米脱的果实呈长心脏形,果顶脐点较小,缝合线一面果实较平。果实极大,平均单果重11～12克,最大18克,幼树结果,单果重在13克以上。果皮红色至粉红色,肥厚多汁,肉质较硬,风味佳,可溶性固形物含量18.5%,离核,果实可食率93.7%。果柄中长,柄长3.6厘米。在烟台地区,6月中下旬成熟,熟期一致,较抗裂果,花期耐霜冻,果实价格高。树势强健,树姿半开张,成花容易,结果早,早丰产,以花束状果枝和短果枝结果为主,腋花芽多。异花结实,栽植时需配置授粉树,如先锋、拉宾斯、美早等。

12. 滨库

1875年美国俄勒冈州从串珠樱桃的实生苗中选出来的。100多年来成为美国和加拿大栽培最多的一个甜樱桃品种。1982年山东从加拿大引入,1983年郑州果树研究所又从美国引入,目前在我国有一定的发展。该品种树势强健,枝条直立,树冠大,树姿开展,花束状结果枝占多数。丰产,适应性强。叶片大、倒卵状椭圆形。果实较大,平均单果重7.2克;果实宽心脏形,梗洼宽深,果顶平,近梗洼外缝合线侧有短深沟;果梗粗短;果皮浓红色至紫红色,外形美观,果皮厚;果肉粉红,质地脆硬,汁较多,淡红色;离核,核小,甜酸适度,品质上等。成熟期在6月中旬,采前遇雨有裂果现象。适宜的授粉树品种有红灯、先锋、斯坦勒等。在有防雨设施的条件下可以栽培。

13. 艳阳

艳阳的果实呈圆形,果柄长度适中,果皮红紫色,成熟时有较好的光泽。果肉甜美多汁,质地较软,不适宜远距离运输。幼树阶段可连续高产,且果实大,属中熟品种,有较强的抗寒性,但该品种易感病毒病。

14. 佳红

佳红的果实个大,平均单果重9.67克,最大果重11.7克。果实呈宽心脏形,整齐,果顶圆平。果皮浅黄,质较脆,肥厚多汁,风味酸甜适口,品质上乘。可食率为94.58%,可溶性固形物含量占19.75%,总糖13.75%,总酸0.67%。核小、卵圆形、黏核。在大连地区,4月18日初花,4月21—25日盛花,6月21日果实成熟。树势强健,生长旺盛,枝条粗壮,萌芽力强,坐果率高,对栽培条件要求略高。

幼树期间生长直立,盛果期后树冠逐渐张开。多年生枝干紫褐色,一到两年生枝干棕褐色,枝条横生并下垂生长,一般定植后 3 年结果。叶片大,宽椭圆形,基部呈圆形,先端渐尖。叶片较厚、平展、深绿色、有光泽,在枝条上呈下垂状生长。花芽较大并且饱满,数量多,密度大,早期产量高。适宜授粉树品种为巨红和红灯,授粉树的比例应在 20% 以上。6 年生树每亩产量为 509.4 千克。

15. 斯帕克里

斯帕克里的果实大,平均单果重 10.4 克,最大 16 克。果实圆形至阔心脏形,果皮鲜红至紫红色,具光泽,比较美观。

果肉红色至紫红色,肉质硬脆,味甜,品质上佳,可溶性固形物含量 17.8%。缝合线凹陷,果柄短,高抗裂果。在烟台,6 月中下旬成熟,熟期一致,一次即可采收完毕。耐贮运。树体健壮,长势中庸,枝条萌芽率高,成枝能力中等。幼树极易成花,一年生枝条甩放后,极易形成一串叶丛状果枝。树体结果早,丰产来得快,而且能连年丰产。早结果、极丰产是其突出优点之一。适合密植栽培,可采用 2 米 × 4 米或 2.5 米 × 4 米株行距,为维持理想果量,需控制产量,并加大肥水管理。

16. 红手球

红手球的果实为短心脏形至扁圆形,果个大,平均单果重 10 克;果皮底色为黄色,果面色为鲜红色至浓红色;果肉较硬,最初为乳白色,随着成熟度的提高,在核周围有红色素,果肉呈乳黄色;味甜不酸,可溶性固形物含量 19%,高者达 24%。在烟台,6 月下旬成熟,熟期较一致。树体强健,树姿较开张,具有良好的早果性及丰产性。红手球适宜的授粉树品种为南阳、佐藤锦、那翁、红秀峰。

17. 友谊

友谊原代号乌克兰 4 号,是乌克兰农业科学院园艺灌溉研究所选育的品种,曾译为"德鲁日巴"。果实大,平均果重 9 克,大果可达 11 克。果实圆形至心脏形,缝合线较深。果梗中粗、中长。果实深红色至紫红色,可溶性固形物 17%,离核。果肉硬,风味佳,味酸甜,耐贮运。果实充分成熟时呈紫色,鲜果品质上等。烟台 6 月中、下旬成熟。该品种树体健壮,树冠圆球形,耐寒、耐旱,第 3 年结果。成花易,丰产性好,是一个有前途的大果晚熟品种。

18. 红蜜

由大连市农业科学研究所用那翁和黄玉杂交选育而成。由于有早熟丰产及适宜用作授粉树的特点,近十几年来有较大的发展。

红蜜是一个中果型、早熟、质软、黄底红色品种。树势中等,树姿开张,树冠中等偏小,芽的萌发力和成枝力较强,分枝较多,花芽容易形成,一般定植后第二年即可形成花芽,第四年即进入盛果初期,而且花量很多,最适宜作为授粉品种。红蜜的坐果率高,是丰产型品种。果实中等大小,平均单果重6.0克,均匀整齐,果型为宽心脏形;果皮黄底色,有鲜红的红晕,光照充足的部位,大部分果面呈鲜红色;肉质较软,多汁,以甜为主,略有酸味,品质上等;可溶性固形物为17%;核小黏核,可食部分占92.3%。成熟期在5月底至6月上旬,比红灯晚4～5天。

19. 红艳

由大连市农业科学研究所用那翁和黄玉杂交选育而成。树势强健,生长旺盛,幼龄期间多直立生长,盛果期后树冠逐渐半开张,多年生枝呈紫褐色,一到两年生枝呈棕褐色,均披有灰白色膜层,枝条斜生。分枝多而细,萌芽率和成枝力都强,花芽容易形成,是丰产型的品种。果实为宽心脏形、整齐、平均果重8克。果皮淡黄色,阳面有鲜艳红霞。果肉肥厚、多汁,酸甜适宜,含可溶性固形物15.4%。成熟期在5月底至6月上旬。该品种自然授粉结实率较高,适宜授粉品种有红灯、红蜜、最上锦等。连年丰产性好,属早熟优良品种。

20. 芝罘红

芝罘红原名烟台红樱桃。1979年由山东烟台芝罘区农业局在上夼村发现,是自然实生品种。近几年从芝罘区向全国各地发展,生长结果表现良好。该品种树势强健,枝条粗壮,萌芽率高,幼树1年生枝萌芽率达89.3%,成枝力强,1年生枝短截后可抽生出中长枝5～6个。进入盛果期以后,以短果枝和花束状枝结果为主,长、中、短各类结果枝的结果能力均强。结果枝占全树生长点的78%,丰产性强。叶片大,叶缘锯齿,稀而大。果实平均重6.0克,大的有9.5克;宽心脏形;果梗长而粗,平均5～6厘米,不易与果实分离;果皮鲜红色、有光泽;果肉较硬,浅粉红色;果汁较多,酸甜可口,含可溶性固形物16.2%,风味佳,品质上等;果皮不易剥离,离核,核较小,可食部分达91.4%。果实6月上旬成熟,比大紫晚3～5天。该品种果实早熟,外观美,品质好,耐贮运,丰产,适应性和抗病力强,是一个品质优良的红色早熟品种。

21. 佐藤锦

佐藤锦是日本山形县东根市的佐藤荣助用黄玉和那翁杂交选育而成,1928年,中岛天香园命名为佐藤锦。几十年来，为日本最主要的栽培品种。1986年烟台、威海引进，表现丰产、品质好。该品种是一个黄色、硬肉、中熟的优良品种。树势强健，树姿直立。果实中大，平均单果重6.0～7.0克，短心脏形；果面黄底，上有鲜红色的红晕，光泽美丽；果肉白色，核小肉厚，可溶性固形物含量18%，酸味少，甜酸适度，品质超过一般鲜食品种。果实耐贮运。果实成熟期在6月上旬，比那翁早5天。佐藤锦适应性强，在山丘地砾质壤土和沙壤土栽培，生长结果良好。

该品种总体表现良好，但果实大小为中等是其缺点。近年，日本天童市大泉氏园从佐藤锦中选出芽变优良品种，单果重7.0～9.0克，如果疏花、疏果后可达13.0克，称为选拔佐藤锦，是值得重视发展的一个优良品种。

22. 雷尼

雷尼是美国华盛顿州农业实验站用宾库和先锋杂交选育出的品种，因当地有一座雷尼山，故命名为雷尼。现在为该州的第二主栽品种。1983年由中国农业科学院郑州果树研究所从美国引入我国，1984年后在山东试栽，表现良好。该品种花量大，也是很好的授粉品种。

该品种树势强健，枝条粗壮，节间短，树冠紧凑，枝条直立，分枝力较弱，以短果枝及花束状枝结果为主。早期丰产，栽后3年结果，5～6年进入盛果期，5年生树株产能达20.0千克。果实大型，平均单果重8.0克，最大果重达12.0克；果实心脏形；果皮底色为黄色，有鲜红色红晕，在光照好的部位可全面红色，十分艳丽、美观；果肉白色，质地较硬，可溶性固形物含量达15%～17%，风味好，品质佳；离核，核小，可食部分达93%。抗裂果，耐贮运，生食或加工都可以。成熟期在6月上旬。

23. 烟台1号

可能是那翁的芽变品种，20世纪70年代末由山东烟台芝罘区农林局选出，定名为烟台1号。该品种树势较强，直立。叶片大且长，叶缘锯齿大而钝，齿间浅；花极大；果实大，平均单果重6.5～7.2克，最大果重超过8克；果形短心脏形，顶部平圆，脐孔极大，平而微凹，果实背部和腹部长度与两侧均相等；果梗较长，与果肉不易分离，成熟期不易落果；果皮乳黄色，阳面有红晕，具大小不一的深红色斑点，具光泽；果皮厚，不易离皮，半离核。果肉浅米黄色，致密，硬脆，果汁较多，极甜，可溶性固形物含量一般在20%左右，品质极佳。耐贮运。果核小，果实大，可食部分95%以上。该品种幼树结果偏晚，自花授粉结实力很低，采收前遇雨易裂果。

24．拉宾斯

拉宾斯是加拿大夏陆研究站用先锋和斯坦勒杂交选育而成的新品种，本品种能自花授粉结果，是加拿大重点推广的品种之一。1988年引入烟台。该品种树势健壮，树姿较直立，耐寒。花粉量大，也适宜作其他品种的授粉树。果实近圆形或卵圆形，果个大至极大，加拿大报道平均单果重11.5克；果梗中长、中粗，不易萎蔫；果皮厚而韧，紫红色，光泽美观；果肉肥厚、硬脆、汁多；含可溶性固形物16％，风味、质地佳良。裂果很轻。耐寒。6月中下旬成熟。最适宜充分成熟时采收，适宜新鲜销售。该品种早果性、丰产性突出，可作为优良的晚熟品种加以发展。

25．斯坦勒

斯坦勒（Stella）又名斯坦拉，是加拿大夏地农业研究所育成的第一个自花结实的甜樱桃品种。1987年山东省果树研究所从澳大利亚引进，在泰安、烟台等地少量栽培。该品种树势强健，枝条节间短，树冠属紧凑型，能自花结果，且花粉量多，也是良好的授粉品种。果实大或中大，平均单果重7.1克，大果9.0克。果实呈心脏形，果梗细长；果皮紫红色，光泽艳丽；果肉淡红色，质地致密、多汁、甜酸爽口，可溶性固形物含量16.8％；风味佳，可食率91％。果皮厚而韧，耐贮运。该品种抗裂果、耐寒性稍差。早果性、丰产性突出。

26．先锋

先锋由加拿大哥伦比亚省育成，1983年中国农业科学院郑州果树研究所由美国引进，1984年引入山东省果树研究所，1988年在烟台发展。该品种树势强健，枝条粗壮，丰产性好。花粉量多，也是一个极好的授粉品种。果实大，平均单果重8.0克，大者达10.5克；果实肾形，紫红色；有光泽，艳丽美观；果肉玫瑰红色，肉质肥厚，较硬且脆、汁多、糖度高，含可溶性固形物17％；甜酸比例适当，风味好，品质佳，可食率92.1％；果皮厚而韧，很少裂果，耐贮运。成熟期在6月中下旬。该品种抗寒性比较强，适应范围比较广，主要适合我国的山东省、辽宁大连、天津、北京、江苏连云港至甘肃天水的陇海铁路沿线地区及云南、贵州、四川的高海拔地区。

27．意大利早红

意大利早红又名布莱特、布莱脱、墨丽，原产法国。1989年中国科学院植物研究所从意大利引进国内，1992年后在山东烟台地区发展。果实呈短心脏形，果实中大,平均单果重 7 克,最大单果重 12 克;果柄较短,果面底色黄白,全面着紫红色,有光泽;果肉红色、细嫩,肉质厚,硬度中,果汁多,风味酸甜,品质上等。成熟期极早,果实可溶性固形物含量 12%;含酸量 0.68%,半离核;不裂果。叶片呈倒卵圆形、锯齿钝、单齿。适宜在山丘壤土地栽培。

第三节　樱桃的生物学特性

一、生长结果习性

(一)根系生长

　　樱桃树的根系较浅,主根不发达,侧根和须根较多,但不同的砧木种类有所不同。山樱桃的根系最发达,固地性强,在沿海地区较抗风害。马哈利樱桃根系最长,主根长达 4~5 米,其根系主要分布在 20~80 厘米深土层内。酸樱桃的主根长达 2~3 米,主要分布在 20~40 厘米深土层内。中国樱桃的根系较短,主根长 1 米,分布在 0~30 厘米深的土层内。根据山东省有关部门调查,中国樱桃在距主干 1 米的土壤断面上,根系分布集中在 5~20 厘米土层内,在疏松的土壤中分布可达 20~35 厘米深土层内。利用实生砧繁殖的甜樱桃根系分布较深,可达 4 米以上,水平分布亦较广。中国樱桃与酸樱桃易发生根蘖,并围绕树干丛生。中国樱桃在根茎附近还有气生根环生。

　　中国樱桃的实生苗在种子萌发后有明显的主根存在,幼苗长到 5~10 片真叶时,主根发育减弱,被 2~3 条较粗的侧根所代替。据调查,中国樱桃砧二十年生的大紫,在良好的土壤和管理条件下,其根系主要分布在 40~60 厘米的土层内。甜樱桃的实生苗,在第一年前半期主要发育主根,当主根长到一定长度时发生侧根,比中国樱桃和酸樱桃强大。

(二)芽的种类和特性

　　樱桃的芽单生,分叶芽和花芽两大类。酸樱桃的幼树有少量的混合芽。樱桃的顶芽均为叶芽。花芽均为纯花芽,形圆钝,每一花芽内具有 2~7 朵花,中国樱桃有 4~6 朵,呈总状花序或簇生;酸樱桃 3~4 朵;毛樱桃 2~3 朵;甜樱桃 4~6 朵。枝条上的花芽开花结果后不再抽生新梢而呈光秃状。叶芽萌发后长成枝条,用以扩大树冠,或转化为结果枝,增加结果部位。

　　樱桃的萌芽力较强,中国樱桃和酸樱桃萌芽力最高,一年生枝上的芽几乎全部能萌发。甜樱桃品种中,黄玉和大紫萌芽力较高,那翁和滨库次之,养老最低。大樱桃的成枝力较弱,一般在剪口下抽生 3～5 个中、长发育枝,其余的芽抽生短枝或叶丛枝,基部极少数的芽不萌发而变成潜伏芽(隐芽)。在盛花后,当新梢长至 10～15 厘米时摘心,摘心部位以下抽生 1～2 个中短枝,其余的芽则抽生叶丛枝,在营养条件较好的情况下,这些叶丛枝当年可以形成花芽。在生产上,可以利用这一发枝习性,通过夏季摘心来控制树冠,调整枝类组成,培养结果枝组。

　　大樱桃潜伏芽的寿命较长,20～30 年生的大树其主枝也很容易更新,这是大樱桃维持结果年龄、延长寿命的宝贵特性。

(三) 枝条的种类和特性

　　樱桃的枝条,按其性质可分为发育枝和结果枝两大类。因为樱桃有侧芽结果的习性,因此,这两类枝有时也很难严格区分。

1. 发育枝

　　又称营养枝、生长枝。其顶芽和各节位上的侧芽均为叶芽。叶芽萌发后抽枝展叶,是形成骨干枝,扩大树冠的基础。幼树和生长势较强的树,形成发育枝的能力较强。进入盛果期和树势较弱的树,抽生发育枝的能力越来越小,并且发育枝条基部的一部分侧芽也变成花芽,发育枝本身成了既是发育枝,又是结果枝的混合枝。

2. 结果枝

　　按其特性和长短,可分为混合枝、长果枝、中果枝、短果枝和花束状果枝。

　　(1) 混合枝。长度在 20 厘米以上。中上部的侧芽全部为叶芽,枝条基部几个侧芽为花芽,既能发枝长叶,又能开花结果。这种枝条上的花芽发育质量差,坐果率低,果实成熟晚,品质差。但在树势较弱的情况下,它的结果能力较强。

　　(2) 长果枝。长度在 15 厘米左右。除顶芽和邻近几个侧芽为叶芽外,其余侧芽均为花芽。结果后,中下部光秃,只有顶端几个芽继续抽生长度不同的果枝。这种果枝在幼树或初结果树上较多,坐果能力不如短果枝。

　　(3) 中果枝。长度在 10 厘米左右。除顶芽为叶芽外,其余全部为花芽。一般多分布在二年生枝的中部,数量不多,不是主要的果枝类型。

(4)短果枝。长度在 5 厘米左右。通常着生在二年生枝的中下部,数量较多。除顶芽为叶芽外,其余全部为花芽。短果枝上的花芽发育质量较好,坐果能力强,果实品质好。

(5)花束状果枝。是一种极短的结果枝。年生长量很小,仅有 1～2 厘米,节间特别短,除顶芽为叶芽外,其余均为花芽。花芽紧密聚合成簇生长,开花时好像花簇一样,故名花束状果枝。是樱桃树最主要的结果部位,坐果率高,果实品质好。这种果枝寿命较长,一般可达 7～10 年,那翁品种的花束状果枝寿命可达 20 年。但这种果枝的顶芽一旦被破坏,全枝就会死亡。因此,在修剪时要促其多发生花束状果枝,同时又要注意它的顶芽不受损害。

中国樱桃、酸樱桃和毛樱桃的结果部位多在长、中、短果枝上。甜樱桃中的那翁、黄玉、大紫、滨库等品种以花束状果枝结果为主,而早紫等品种则多在中、长果枝上结果。

中国樱桃和甜樱桃的枝条对比见图 1-3。甜樱桃的枝条类型见图 1-4。

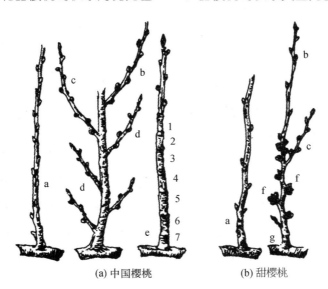

(a) 中国樱桃　　　　(b) 甜樱桃

图 1-3　中国樱桃和甜樱桃的枝条对比

a—生长枝;b—长果枝;c—中果枝;d—短果枝;e—短果枝每年依顶芽伸长形成短果枝之状;f—花束状短果枝;g—短果枝;1～7—表示枝的年轮

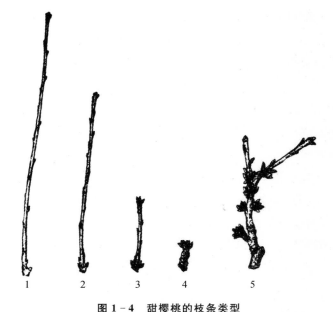

图 1-4 甜樱桃的枝条类型

1—混合枝；2—长果枝；3—中果枝；4—短果枝；5—花束状短果枝

（四）寿命和结果年龄

中国樱桃树体寿命一般为 50～70 年，高者达 100 年。甜樱桃树 80～100 年，酸樱桃树和毛樱桃树枝干寿命 10～15 年，由于易生根蘖，可以继续更新树冠。

樱桃树开始结果年龄较早。中国樱桃树定植后 3～4 年开始结果，12～15 年后进入盛果期，单株产量达 50 千克以上，经济结果年限可维持 15～20 年。甜樱桃树定植后 4～5 年开始结果，10 年后进入盛果期，单株产量约 50 千克。酸樱桃树定植后 3～4 年开始结果，7～8 年后进入盛果期，经济结果年限可延续 15～20 年，单株产量 25～40 千克。毛樱桃播种后第二年就可结果，3 年就有经济产量，5～6 年后进入盛果期，单株产量 5 千克以上，10～15 年后产量下降。

二、发 育 周 期

樱桃树从幼苗至开花结果这一段时间，称为幼年期。在这一时期内只进行营养生长。一般来说，樱桃树的幼年期比较短。如中国樱桃、甜樱桃的幼年期有 3～4 年便进入结果期;毛樱桃播种后第二年就可以开花结果。樱桃植株长到一定大小之后,转变为有结果能力的时期,称为成年期,也可称结果期。在实际栽培中,樱桃多采用营养繁殖,如分株、扦插、嫁接等。樱桃的无性营养繁殖苗,一般栽后2～3年就开始结果。

樱桃树在1年中,经过萌芽、开花、结果、落叶、休眠等过程,周而复始,重复进行,这一过程称为年生长周期。了解这一生长发育规律,便可根据不同时期的特点,采取技术措施,进行栽培管理,以达到高产、高效益的目的。

樱桃对气候反应比较敏感。根据气象资料分析,甜樱桃花芽在日平均温度10 ℃以上时开始萌动,15 ℃以上时开始开花,20 ℃以上时新梢生长最快,20～25 ℃时经过50～60天果实成熟。日平均温度在5 ℃以下时开始落叶,进入休眠。

(一) 开花

甜樱桃树不同品种的开花期略有不同,但比酸樱桃树早。中国樱桃树的开花期比甜樱桃树早20～25天。在开花期遇－1 ℃低温,花瓣就受冻害;－4 ℃时,花萼、雌蕊受冻害。因此,在栽培甜樱桃和酸樱桃时,必须注意花期的气候条件,并且在开花期特别注意当地的天气预报,防霜防冻。许多果园用加热熏烟法预防霜害,即在樱桃园内行间,分别堆放柴草、麦秸等物,早春霜害来临时加热熏烟,以减轻霜害。甜樱桃的整个花期介于桃、杏之间,在栽培桃、杏花期无霜害的地区,只要土壤条件适宜,冬季又无冻害,可以栽培甜樱桃。

(二) 新梢生长

大樱桃树的新梢生长期较短,与果实的发育交互进行。在芽萌动后立即有一个短促的生长期,长成6～7片叶,成为6～8厘米长的叶簇新梢。开花期间,新梢停止生长,花谢后再转入迅速生长期。以后当果实进入硬核时期,新梢生长渐慢;当果实硬核时期结束,果实发育进入第二次高峰时,新梢几乎完全停止生长。果实成熟采收后,新梢又有一次迅速生长期,以后停止生长。幼树营养生长较旺盛,第一次生长停止时间比成龄树推迟10～15天,进入雨季后还有第二次生长,甚至还有第三次生长。

(三) 果实发育和裂果

樱桃的果实由果皮、果肉、果核、种皮和胚组成。可食部分为果肉。樱桃果实的生长发育期较短,从开花至果实成熟大约要40~50天。根据烟台林科所资料,甜樱桃果实发育过程表现为3个时期。

第一时期为谢花后至硬核前,主要特点为果实(子房)迅速膨大,果核(子房内壁)迅速增长至果实成熟时的大小,胚乳亦迅速发育。这一阶段时间的长短,不同品种表现不一,大紫为14天,小紫为15天,那翁为9天。本阶段结束时,果实大小为采收时果实大小的53.6%~73.5%。这说明采收时的单果重量,主要取决于第一时期果实的发育程度。

第二时期为硬核和胚发育期。主要特点为果实的纵横径增长较慢,果核木质化,胚乳渐为胚的发育所吸收。本时期大紫、小紫各为8天,那翁为14天。这个时期果实的实际增长量,仅占采收时果实大小的3.5%~8.6%。

第三时期为白果实硬核后至果实成熟,为第二个速长期。主要特点为果实迅速膨大,一般横径增长量大于纵径增长量。本阶段大紫、小紫各为11天,那翁为17天。这个时期果实的增长量占采收时果实大小的23%~37.8%。

山东省烟台市林业科学研究所的试验还表明,在胶东春旱的气候条件下,果实发育的第二时期干旱缺水,往往造成大量果实黄萎脱落,但落果不皱缩。落果多发生在树冠内膛的花束状果枝上,其程度因品种、树势而不同。壮树较轻,弱树较重。黏壤土樱桃园发生旱黄落果的土壤含水率,0~10厘米土层为11.1%,10~20厘米土层为11.4%,20~30厘米土层为12%。因此,当黏壤土樱桃园的土壤含水率下降至12%以前,必须注意灌水。

果实发育第三时期,特别是成熟前降水,往往造成裂果,降低果品品质。裂果多发生在树冠外围的中、长果枝和混合枝上。裂果程度是壮树较重,中庸树次之,弱树最轻。

甜樱桃果实的发育过程如图1-5所示。

樱桃果实在春旱遇雨时很容易发生裂果现象。据研究,樱桃果实表皮有许多小龟裂

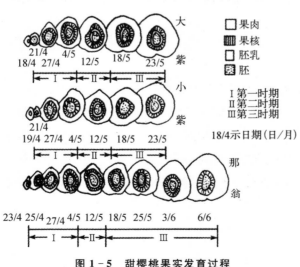

图1-5 甜樱桃果实发育过程

纹。随着果实的成熟,气孔呈张开状态,果实缝合线部细胞排列致密性差,是造成裂果的组织解剖上的主要原因。从果实发育上看,是在果实近成熟前裂果率高。目前对防止裂果尚无理想的方法,最根本的是培育抗裂果品种。在实际栽培管理中,要注意适量灌水,注意排涝,保持适宜稳定的土壤水分状况,维持适宜的树势,对防止裂果有一定的作用。

(四)花芽分化

大樱桃花芽分化的特点是分化时间早,分化时期集中,分化速度快。一般在果实采收后 10 天左右花芽便大量分化,整个分化期为 40～45 天。分化时期的早晚,与果枝类型、树龄及品种等有关。花束状结果枝和短果枝比长果枝和混合枝早;成龄树比生长旺盛的幼树早;早熟品种比晚熟品种早。叶芽萌动后,长成具有 6～7 片叶簇的新梢的基部各节,其腋芽多能分化为花芽,第二年结果;而开花后长出的新梢顶部各节,多不能分化为花芽,这与新梢的生长期短有关。

山东省胶东地区甜樱桃的花芽分化期,一般在 6 月末至 7 月上旬,7 月中旬结束。二年生的花束状果枝比一年生的花束状果枝早 7 天左右。根据山东省烟台市林业研究所的调查,那翁品种花束状果枝花芽的生理分化期,主要在春秋梢停止生长,采果后 10 天左右的时间里,而形态分化期在采果后 1～2 个月的时间里。

根据大樱桃花芽分化的特点,要求在采收之后要及时施肥浇水,加强根系的吸收,补充果实的消耗,促进枝叶的功能,为花芽分化提供物质保证。否则,若放松土肥水的管理,则会减少花芽的数量,降低花芽的质量,加重柱头低于萼筒的雌蕊败育花的比例。

(五)落叶和休眠

我国北方地区樱桃树落叶大约在 11 月中旬初霜开始时。樱桃的休眠期较短,特别是中国樱桃和甜樱桃,在冬末初春气温回暖时易萌动,一旦有回寒易遭冻害。在早春有寒潮的地区,要特别注意防寒。

三、授粉调节

几乎所有的甜樱桃都表现为自花不结实。在自花授粉的情况下,很少能发育成果实,或全部不能发育成果实。甜樱桃品种具有有效花粉,但并非所有的授粉组合都能结实。甜樱桃品种有不少是属于异交不亲和组合,也就是某些不同品种间授粉不亲和,光开花,不结实。因此,栽培甜樱桃时,要特别注意搭配授粉品种,或进行人工授粉。根据经验,以下组合可以授粉(表1-1)。

表1-1 甜樱桃主栽品种的适宜授粉树

主栽品种	授粉品种
红灯	佳红、巨红、滨库、红蜜、大紫
芝罘红	红灯、那翁、水晶、斯坦勒、滨库
意大利早红	红灯、芝罘红、拉宾斯、先锋
先锋	滨库、那翁、雷尼
雷尼	滨库、先锋
巨红	红灯、佳红
滨库	大紫、先锋、红灯、斯坦勒
大紫	早紫、黄玉、水晶、小紫、那翁
那翁	早紫、大紫、水晶、红灯
早紫	黄玉、那翁、大紫
小紫	大紫、那翁、摩巴酸
鸡心	黄玉、大紫、早紫
黄玉	日之初、大紫、滨库、那翁
佳红	巨红、红灯
美早	萨米脱、先锋、拉宾斯
布莱特	雷尼、先锋、拉宾斯、斯坦勒

中国樱桃自花结实率高,单植一个品种不配置授粉树也能结果良好。酸樱桃的自花结实率仅次于中国樱桃,但高于甜樱桃。毛樱桃自花也能结实。

四、对环境条件的要求

中国樱桃原产于我国长江流域,适应温暖、潮湿气候,耐寒力较弱,所以长江流域栽培较多。甜樱桃和酸樱桃原产于亚洲西部和欧洲等地,适应凉爽干燥气候,在我国华北、西北及东北南部栽培较适宜。毛樱桃原产于我国北部地区,分布广,抗寒力强,南北各地均有栽培。

(一)温度

樱桃适合在年平均气温 12 ℃以上的地区栽培。一年中要求日平均气温 10 ℃以上的时间在 150～200 天。又因为樱桃营养生长期较短,果实成熟期早,果实生长发育和新梢生长都集中在营养生长的前期,这一时期需要有较高的气温,以满足樱桃生长的要求。樱桃是耐高温的树种,但夏季的高温干燥对樱桃生长不利。甜樱桃抗寒力虽较中国樱桃强,但冬季低温达－20 ℃时,树干会冻裂,中国樱桃则表现为枝枯。1956—1957 年冬,熊岳地区低温达－25 ℃,熊岳果树研究所平地上的樱桃全部冻死。中国樱桃的一年生苗在－15 ℃时就会冻死。所以,冬季低温常在－15 ℃的地区要注意防寒。

甜樱桃春季开花早,影响樱桃产量最严重的是早春霜冻。樱桃在由萌芽、开花到幼果生长的不同时间内,对低温的耐力不同,会导致甜樱桃受冻害的温度为:花蕾期为－5.5～－1.7 ℃;开花期和幼果期为－2.8～－1.1 ℃。如果温度急剧下降时,花芽受冻可达 96%～98%;缓慢下降时,则受冻仅为 3%～5%(表 1－2)。如果花期温度下降到－5 ℃时,中国樱桃的幼叶、花瓣、花萼与花梗均会受害变褐色。

甜樱桃对低温适应能力的顺序是:较耐寒的为甜樱桃杂交种;其次为软肉品种,如黄玉、大紫、早紫;再次为硬肉品种,如那翁、滨库等。

表 1－2　温度下降的快慢与樱桃花芽受冻害程度的关系

品种	向－20 ℃下降快慢	日期	冻死率(%)
蒙特毛伦锡	慢	3 月 2 日	3.0
	快	2 月 28 日	96.0
摩巴酸	慢	3 月 9 日	5.0
	快	3 月 14 日	98.0

甜樱桃对低温的适应性除上述因素外,与植株本身贮藏养分的含量也有直接关系。根据观察,在 8—9 月份对樱桃树进行摘叶处理,人工抑制贮藏养分的积累,第二年春天检查去年 8 月份形成的腋花芽内小花的冻害及萼片的渗透压,结果摘叶时

间越早,细胞的渗透压越低,小花的冻害比率越高(表 1-3)。

表 1-3 8—9 月份摘叶与樱桃低温危害及正常花比率

摘叶情况	贮藏养分	腋花芽内小花冻害率(%)	小花萼片的细胞渗透压(摩)	正常花率(%)
8 月 1 日全部摘叶	少	62.26	0.45~0.50	31.31
9 月 25 日全部摘叶	中	1.49	0.75~0.80	93.03
对照(不摘叶)	多	0.25	0.95~1.00	98.91

注:渗透压为蔗糖质壁分离的浓度,调查日期为第二年春 4 月 3—5 日以上说明,加强树体的营养管理水平,是防止冻害的重要措施。

(二)土壤

甜樱桃适宜于土层深厚、土质疏松、通气良好的沙质壤土或壤土上栽培。在排水不良和黏重土壤上栽培,则表现出树体生长弱,根系分布浅,这样既不抗旱涝,又不抗风。特别是用马哈利樱桃做砧木的甜樱桃,最忌黏重土壤。而酸樱桃在黏重土壤和排水不良的土壤上表现良好。

樱桃对土壤盐渍化的反应,除酸樱桃适应性稍强外,其余各品种都很敏感。因此,盐碱地上不能栽培樱桃。其适宜的土壤酸碱度为氢离子浓度 100~2 512 纳摩/升(pH 为 5.6~7)。

(三)水分

水分是樱桃正常生长发育必不可少的条件。土壤湿度过高时,常引起枝叶过量生长,不利于结果;土壤湿度低时,尤其是夏季干旱,供水不足,则新梢生长受到抑制,引起大量落果。中国樱桃的栽培区域,除南方省份雨量充沛外,北方多选择山坡沟谷气候较湿润的小气候区栽培。从世界各国甜樱桃的栽培分布区来看,大都选在靠近水系流域或近沿海地带。我国甜樱桃的主要栽培区也多分布在渤海湾的山东省烟台市、辽宁省大连市等地。这两地靠近海,气温变化波动小,年降水量在 600~900 毫米之间,空气也比较湿润。

樱桃和桃、李、杏等核果类果树一样,根部需要氧气浓度较高,对缺氧很敏感。若土壤黏重,排水不良,导致土壤水分过多,会造成土壤中氧气不足,影响根系的正常呼吸作用,严重时会烂根,地上部分流胶,导致树体衰弱死亡。若土壤水分不足,常引起树体早衰,形成"小老树",产量低,果实品质差。夏季干旱会引起严重落果。因此,在常有春旱的地区,果实发育期应注意灌水。

大樱桃年周期内各个生长发育期对水分的需求状况也有差异。果实发育第二期(硬核期)的末期,是果实发育需水的临界期。此时,若干旱少雨应适时灌水,才能保证果实发育正常。在果实发育期,若前期干旱少雨又未浇水,在接近成熟时偶尔降雨或浇水,往往会造成裂果而降低品质。因此,大樱桃是既不耐涝又不抗旱的树种,而我国北方往往是春旱夏涝,所以,春灌夏排是大樱桃水分管理的关键。

（四）光照

樱桃是喜光树种,尤以甜樱桃为最,其次为酸樱桃和毛樱桃。中国樱桃较耐阴。在管理条件、光照条件良好时,树体健壮,果枝寿命长,花芽充实,坐果率高,果实成熟早,着色好,果实糖度高,酸味少;相反,光照条件差,树冠外围枝梢易徒长,冠内枝条弱,果枝寿命短,结果部位外移,花芽发育不充实,坐果率低,果实成熟晚,果实品质差。因此,建立樱桃园必须在光照条件良好的阳坡或半阳坡,同时采取适宜的栽植密度和整形修剪,使其通风透光良好。

（五）风

风对樱桃栽培影响很大。严冬大风易造成枝条抽干,花芽受冻;花期大风易吹干柱头黏液,影响昆虫授粉;秋季台风会给樱桃造成更大损失。因此,在有大风侵袭地区,一定要营造防风林或选择小环境良好的地段建园。

第二章 苗木繁育技术

第一节 优良砧木种类

一、樱桃矮化砧木

（一）Gisela5（吉塞拉5）

是由德国培育的甜樱桃矮化砧木。嫁接甜樱桃后,在前6年长势为标准乔化砧（F12/1）的30%～60%,以后为30%。

吉塞拉5根系较发达。适于黏土和多种土壤类型。用它与50多个品种嫁接都得到理想结果。结果极早,2～3年生开始结果,通常4～7年生每株产果5～15千克,耐PDV和PNRSV病毒,中等耐水渍,抗寒性优于马扎德和考特,但不如其他的Gisela品系。在贫瘠土壤或自然降水少及不良栽培条件下,枝条生长量小,果变小,易早衰。栽培密度为每667平方米84～111株,株行距为2米×3～4米。适于在土壤肥沃的土地和温室中栽培。适宜于组织培养繁殖。

（二）Gisela6

是由德国培育的甜樱桃矮化砧木。嫁接甜樱桃后,长势为考特的60%～70%,比Gisela5、Gisela7和Gisela9壮旺,根系发达,适于黏土和广泛的土壤类型。结果极早,4年生植株每株产量17千克,密生短枝。耐PDV和PNRSV病毒,高度耐水渍。在很多地区表现出色,抗旱性强。在德国不需灌溉。每667平方米栽植66～84株,株行距为(2～2.5)米×4米。适于温室和露地栽培。适于组织培养繁殖。

（三）GM系

由比利时的琼布罗果树蔬菜研究所选育出的甜樱桃矮化砧木。GM9是由豆樱和山樱桃育成。它与甜樱桃品种嫁接亲和性好。其嫁接树冠径为马扎德 F12/1 的 1/3～1/2,树冠开张,早果丰产,果实品质优,抗寒性、固地性强。

（四）GM79

是从灰毛叶樱桃中选出的无性系矮化砧木。嫁接树体矮小,冠径只有 F12/1 的 1/2～2/3,树体开张,枝量少,通风条件好,结果早,产量高,果实品质好。较抗病毒病,抗春季霜冻。宜采用绿枝扦插或组织培养进行繁殖。

二、樱桃半矮化砧木

（一）ZY－1

是由中国农业科学院郑州果树研究所 1988 年从意大利引进的甜樱桃半矮化砧木。其自身根系发达,与甜樱桃嫁接亲和力强,成活率高,进入结果期早,2 年可结果,5 年进入盛果期。抗旱、抗寒性强。且具有显著的矮化性状,嫁接甜樱桃后,树冠大小为马扎德标准树冠的 70% 左右。幼树期植株生长较快,成型快,进入结果期之后,生长势头显著下降,一般树冠高 3.5～4 米。嫁接部位没有"小脚"现象。组织培养繁殖,每 667 平方米栽培密度 66～84 株,株行距为（2～2.5）米×（4～4.5）米。适于各种类型土壤的露地栽培。

（二）考特

是英国东茂林试验站培育的甜樱桃半矮化砧木。其嫁接甜樱桃树的冠径为 F12/1 的 70%～80%。它与甜樱桃亲和力很强,且花芽分化早,丰产,嫁接部位没有"小脚"现象。幼龄树长势强,随着树龄的增加长势变缓,树形较紧凑。不耐旱,抗寒,在我国山东省使用较多。据报道,考特易患根癌病。适宜组织培养或绿枝扦插繁殖。每 667 平方米栽培密度 50～66 株,株行距为 3 米×（4～4.5）米。

（三）BⅡ－1（樱桃砧木 1 号）

是由前苏联奥尔洛夫地区果树浆果试验站用郁李和佐卢什卡樱桃通过远缘杂交培育成的一个砧木,与甜樱桃嫁接亲和性很好。其突出的特点是,耐寒性强,根系能在－12～－14℃的低温下生长良好,地上部分能抗－30～－40℃的低温。对球菌病有很高的抗病性。多采用嫩枝扦插和种子繁殖,也可采用绿枝扦插或组织培养进行繁殖。

三、樱桃乔化砧木

(一)大青叶

是山东省烟台市从中国樱桃中选育出的一个优良甜樱桃,是中国樱桃乔化砧木。但在大叶草樱桃上嫁接的甜樱桃树冠较马哈利作砧木的树冠小。与多数甜樱桃品种嫁接亲和力较强,与中国樱桃嫁接亲和性更好。毛根较发达,适应性较强,抗旱性一般,不耐涝。嫁接甜樱桃品种后,树体较高大,根系分布浅,遇大风易倒伏。嫁接株定植后3年开始结果。主要采用分蘖、压条繁殖。适宜在沙壤土或砾质壤土中生长,在黏重土壤上生长时,盛果期树嫁接部位易流胶,也有"小脚"现象。用大青叶作砧木适宜的株行距为2.5米～(3×4)米,即每667平方米栽植55～66株。

(二)马哈利(Mahaled)

是甜樱桃、酸樱桃乔化砧木。在20世纪上中叶,一些欧美国家多使用它作大樱桃的砧木。在陕西使用较多,我国的北京、大连地区也有少量使用。马哈利有多个品系,用种子繁殖,根系发达,抗旱抗寒,与甜樱桃嫁接亲和力较强。匈牙利从马哈利实生后代中选出的马哈利CT500具有一定的矮化作用,实生繁殖。

(三)马扎德(Mazzard)

甜樱桃乔化砧木,是甜樱桃的野生种。树体高大,根系浅。与甜樱桃嫁接亲和力强。用马扎德作砧木嫁接的大樱桃树体高大、长寿、高产,进入盛果期较晚。比较耐瘠薄,抗寒,在黏重土上反应良好,实生繁殖。英国东茂林试验站从马扎德中选育出一个无性系砧木F12/1,其嫁接树体比马扎德实生砧略小,且长势基本一致。被欧美等国当作樱桃砧木的标准。

第二节　樱桃苗圃建立

一、苗圃地选择

（一）樱桃苗圃对自然环境要求

光照充足，地势平坦，排灌方便；地下水位最高不超过 1.5 米，并且 1 年中水位升降变化不大；土层厚一般不少于 50 厘米；土质为微酸性至微碱性的肥沃沙壤土、壤土。不能使用采伐过后的果园或育苗用地。

（二）樱桃苗圃对基础设施要求

专业固定苗圃要设在交通方便，劳动力充足，有水源、电源的地方。其面积大小根据育苗量来决定。樱桃苗圃不能重茬育苗，所以苗圃地周围要有足够的土地供每年轮换育苗。

（三）无病毒樱桃苗圃选址要求

除了上述条件外，无病毒樱桃苗圃周围 500 米内不能有樱桃栽培或普通樱桃苗圃。

二、苗圃区划及基础建设

苗圃应根据圃地自然条件，依据便于生产、机械作业和提高劳动生产率的原则进行区划。大规模的苗圃基地一般分成 3 个部分：提供优良的砧木种子和品种接穗母本园、苗木繁殖区、农机具仓库和办公区等辅助用地区。小型苗圃只有母本园和繁殖区。苗木繁殖区可划分为实生苗培育区、自根苗培育区和嫁接苗培育区等。母本园与繁殖区根据面积大小、作用和地势规划成小区，每小区面积一般为 10×667 平方米左右，一般为东西向的长方形。并依据上述设计划分作业主干道、副干道、排灌渠道。在风沙地区和面积较大的苗圃要设置防护林带。根据苗圃区划建立母本园、道路和输电、排灌设施以及仓储。

三、苗圃地整理

（一）苗圃整地

包括翻耕、耙地、平整、镇压、消毒和施肥等。要求深耕细整，清除草根、石块，做到地平土碎。翻耕最好在秋后进行，深度为 30～40 厘米。翻耕前每 667 平方米施腐熟优质土粪 5 000～10 000 千克，磷肥 100 千克。在土壤病虫害多的地区，还要进行土壤消毒，先将药剂配成毒土撒施，随耕随耙，及时平整、镇压。

（二）樱桃苗圃地作业

1. 床作

自动化装配的温室苗床为钢架结构，可以平行移动。每个苗床高出地面 60 厘米左右，苗床宽约 1.5 米，长 20～30 米。每 3～6 个苗床为一组，留操作道 2.5 米左右。有自动弥雾设施，苗床上放置育苗盘，育苗基质是经过消毒的草炭土（或掺和蛭石）。

绿枝扦插用的普通苗床要有弥雾设施。无弥雾设施的扦插前期用 50% 遮阳网遮阴，覆盖塑料薄膜保湿。苗床的床面要高出步道 15～20 厘米，苗床是沙壤土时床面可低些，床宽约 1 米，手工作业床长 5～20 米，机械作业床长 20 米以上，床间步道 30～50 厘米。苗床下部铺 15 厘米左右的粗沙子，上部铺细河沙或沙壤土。也可做成低于地面 10 厘米左右的底畦，底畦内再放入高度为 15 厘米的育苗盘，盘内装满河沙。苗床适于绿枝扦插、组培苗移栽等。

2. 垄作

垄作一般为南北行向。垄埂底宽 30 厘米、高 20 厘米，垄与垄之间有 20 厘米宽平畦，用作浇水或作业道。垄长根据地形确定。垄作适于硬枝扦插或苗床内的小苗移栽。

3. 平畦作

平畦的畦面要低于畦埂 15 厘米左右，畦宽 1.2～1.6 米，每畦育苗 3～4 行，畦长 10～60 米，用于种子播种育苗、硬枝扦插育苗或苗床内的小苗移栽。

4. 沟作

沟深约 25 厘米,宽约 60 厘米,长 10～60 米,用于压条、分株繁殖。

地整好后育苗前 5 天要灌足底水,可提高种子的出苗率、苗木移栽成活率,保证每 667 平方米的正常苗量。

第三节 苗木繁殖方法

一、组织培养繁殖

用扦插和压条等无性繁殖方法繁殖率低的砧木品种多采用此法繁殖。其方法步骤如下。

(一)外植体接种

取田间当年生新梢或 1 年生枝蔓,去叶,用自来水将表面刷洗干净,剪成一芽一段,放入干净烧杯,在超净工作台上,先用 70% 酒精浸泡 2～4 秒钟,再用 0.1% 升汞液消毒 5～10 分钟,用无菌水冲洗 3 遍,然后剥去鳞片、叶柄,取出带数个叶原基的茎尖接入培养基,半包埋。樱桃培养基多采用 MS 基本培养基,附加 BA0.5～1 毫克/升 + IBA0.3～0.5 毫克/升,蔗糖为 30 克/升。

茎尖接种后放到培养室培养。培养室应具备以下条件:光照 1 000 勒,8～10 个小时,暗 14～16 小时;温度 25～28 ℃。培养 1～2 周,及时检查,将未感染的茎尖转接到新的培养瓶内,丢弃已感染的材料。

(二)继代

将上述未感染的材料培养 1～2 个月,分化出的芽团生长到 2～3 厘米高时,进行分株,仍在上述培养基上进行增殖培养。然后,大约每 25 天进行 1 次继代增殖培养,每次芽的增殖量为 4～6 倍。

(三)生根

当增殖培养到一定基数后可开始生根培养。上述增殖培养的芽长到 3 厘米左右时,即可用于生根。生根的培养基多采用 1/2MS 培养基 + IBA0.1～0.5 毫克/升。

有的品种需加生物素或吲哚乙酸或萘乙酸等。

接种在生根培养基上培养 20 天左右,芽的基部即可长出根,当根系生长到 2 厘米,苗长到 3～5 厘米高时即可锻炼移栽。

(四) 移栽

组培苗在人工培养条件下长期生长会对自然环境的适应性减弱。移栽前需要一个过渡阶段,即炼苗。炼苗方法:将培养瓶移至温室内,在自然光照下锻炼 2～3 天,打开瓶口再锻炼 3～5 天后在温室内移栽。

移栽用的基质要先消毒,再装入育苗盘。苗木移栽时先洗净根上培养基,然后用杀菌剂消毒,避免培养基感染杂菌导致苗木死亡。组培苗移栽到苗床后,在 1 周内需要 50% 遮阴,温室温度应同组培室的温度大致相同,空气相对湿度要保持在90% 左右。1 周后逐渐缓慢调整空气相对湿度和温度,直到和外界一致即可。小苗在温室内生长到 15 厘米左右,就可带基质移栽入苗圃,株距 15～20 厘米。

二、压条繁殖

压条育苗常采用堆土压条、水平压条和埋干压条等三种方法。堆土压条法与分株育苗相近似。这里只介绍水平压条和埋干压条两种方法。

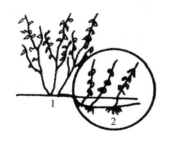

图 2－1　水平压条

1—砧苗;2—固定下的压条;3—剪下的砧苗

1. 水平压条

水平压条,多在 7—8 月雨季进行。压条时,将靠近地面的,具有多个侧枝的 2 年生萌条水平横压于苗圃地的浅沟内,然后覆土。覆土厚度以使侧枝露出地面为准(图 2－1)。次年春季,将生有根系的压条分段剪开,移栽后,供嫁接用。

2. 埋干压条

选用生长健壮、枝条充实的无病植株,春季在已经整好的苗圃地内按 50 厘米行距,开一个深 15～20 厘米的沟,将砧苗顺沟约 30°倾斜栽植,根部覆土后并踏实,灌足底水。砧苗成活后,萌发大量萌条。将苗茎顺沟用竹棍等物将其压倒,苗茎上覆土厚2厘米,当萌条生长到高10～15厘米时,在其基部培土,促使生根,整个生长季随着萌条的不断长高逐步培土,由原先的垄沟逐渐变成垄背。秋季落叶后,将苗木刨起,按株分段剪开即可,或第二年就地嫁接,待嫁接苗出圃后再按株分段剪开即可(图2-2)。采用这种方法,一般每株埋干苗可繁殖砧苗5～10株。

图2-2　埋干压条

三、绿 枝 扦 插

用于繁殖砧木苗。扦插时间可根据新梢的木质化程度,在5～9月份分批次进行扦插,采用高畦或平畦苗床育苗。易生根的品种可采用塑料布覆盖保温的苗床育苗,不易生根的品种需要用有弥雾设施的床作育苗。

采条扦插的过程为:选择半木质化,粗度在3毫米以上的当年生绿枝,剪成长度15厘米左右的枝段作插穗,保留上部1～2片叶,叶片大时剪去1/2～2/3,下部叶片连同叶柄一同去除,插条上部剪成平茬,下部剪成斜茬。剪好的插条将基部插在水中待用,扦插前用生根素类物质处理插条基部。扦插时,先用比插条粗度略粗的竹签插孔,再把绿枝插入孔内,深度为5厘米左右,叶片不可触地,直插、斜插均可。插后喷1次杀菌剂,定时定量喷雾,保持空气相对湿度在70%～90%,15天左右开始生根,即可逐渐减少弥雾次数,降低空气相对湿度,增加光照。新梢生长5厘米左右,逐渐降低空气相对湿度,直至与大田平衡,就可以选阴天移栽至大田苗圃。移栽后及时浇水,成活后加强病虫防治和肥水管理。绿枝扦插繁殖的砧木苗当年不能嫁接,到第二年春、夏季或秋季才能嫁接。

四、硬 枝 扦 插

有很多种类的樱桃硬枝扦插不易成活,所以硬枝扦插要选择易扦插成活的种类。扦插时间是春季樱桃发芽期。插穗采自母株外围的1年生发育枝,插穗粗0.7～1厘米,长15厘米左右,上端平剪,基部剪成马耳形。若在冬季采条,暂不剪成插穗,每 50～100 根长枝条码成一捆,贮藏于地窖或贮藏沟内,用沙藏(湿沙相对含水量为 60%)越冬,扦插时再剪成插穗。冬季贮藏期间,注意保持适宜的温、湿度,防止冻害和积水。也可在春季发芽期随采随用。

硬枝扦插采用高垄单行、高畦双行或平畦,覆盖地膜,株距 8～10 厘米。插前可用 ABT 等生根素类处理插条基部。先用与插条粗度基本相同的竹签打孔再插条,与地面呈 30°斜插入土内,倾斜方向要一致,地膜外仅露出 1 个芽,插后灌水,在发芽期间适量浇水。插后 25 天左右生根,当新梢生长至 15 厘米左右间苗定苗,15～20厘米留 1 棵苗,间苗后结合灌水每 667 平方米追施尿素或磷酸二铵 10 千克,以后每20 天左右追肥 1 次,追肥后浇水,雨季注意排水防涝和病虫防治。一般到秋季可达到嫁接粗度。

五、种子实生繁殖

(一)采种沙藏

当作繁殖用的品种的果实,待发育充分成熟后采集,揉搓后洗净果皮和果肉,种子用甲基托布津 800 倍液浸泡 30 分钟,捞出将水控干(不能晾干),立即沙藏。

沙藏沟一般选地势较高且背阴的地方,挖宽 1 米、深 0.8～1 米的东西向沟,长度根据种子数量而定。沙藏时先在沟底铺一层约 5 厘米厚的湿沙,而后铺一层种子,种子层的厚度是约为 3 粒种子的厚度,在湿沙上布满种子,直至看不到下层沙子,然后再铺一层湿沙,如此反复直至铺到距离地面 40 厘米的位置。最后覆盖一层聚酯纤维袋,在纤维袋上填土,直至上表面稍高于地面。少量种子可掺和 5 倍的湿沙,要掺和均匀,放置在沟内。沙子的湿度以用手能握成团,指触即散为宜。樱桃种子沙藏时间较长,沙藏期间既要防止雨水雪水淋入(否则湿度过大造成种子霉烂),又要注意保持沙子湿度。沙藏温度:一般保持沙藏沟内温度在 0～7 ℃。若当地冬季气温过低,则沙藏沟要适当深挖,不能让种子发生冰冻。开春地温回升时加强检查,发现有 5%左右的种子开始萌发时及时播种。

(二)播种及出苗后管理

采用平畦播种。播种时,在平畦内开 6～8 厘米深的小沟,行距 30～40 厘米。

以平均 2～5 厘米播 1 粒种子的密度播种,然后覆盖细土,浇水,水渗下后喷洒除草剂。出苗前苗床 3 厘米以下土壤保持湿润,可覆盖塑料薄膜提温保湿。浇水应小水慢流,防止种子露出地面。种子发芽后将要出土时,要除去覆盖的塑料薄膜,防止地面高温烧苗或小苗因高温徒长而发生病害。苗木出土后,注意及时除草,同时注意防治立枯病。不要过多浇水,干旱时适当浇水。当小苗生长到 15 厘米左右,下部已半木质化,即可间苗定苗,15～20 厘米留 1 棵苗。以后及时追肥、浇水和防治病虫害。

六、嫁 接 繁 殖

采用上述几种育苗方法培育的砧木苗达到嫁接粗度后即可嫁接栽培品种。樱桃嫁接方法一般采用带木质部芽接和硬枝劈接。

(一)带木质部芽接

在春天发芽期和秋季嫁接成活率较高。春季嫁接时期是树液流动后,砧木开始发芽至接穗萌芽前。如果在冬季或早春采好接穗,并贮藏在 1～5 ℃ 的环境中,用湿沙保湿,可嫁接到 4 月中旬,当年可成苗。秋季当气温降到 28 ℃ 以下后(8 月下旬至 9 月中旬)开始嫁接,接穗应随用随采,采取接穗后立即去掉叶片,保留叶柄,标明品种,用湿布包裹,枝条下端浸入水中 5 厘米左右。如确需贮存,要将接穗置于阴凉处,并保持湿度,可存放 3～5 天。

嫁接前 3～5 天,苗圃地浇一遍水,可提高嫁接成活率,嫁接后不要立即浇水,防止流胶。嫁接方法是:在接穗芽的下方约 1 厘米处向下微斜,横切一刀,深达木质部 2～3 毫米,再在芽上方 1～1.5 厘米处向下斜切,至第一切口处,深 2～3 毫米,即可取下带有木质的芽,接芽切口要光滑。然后在砧木基部距地面 20～40 厘米光滑处用同样的方法切出等于或略大于芽片的切口,再将芽片嵌入切口,对齐形成层,用塑料条自下而上绑紧。春季芽

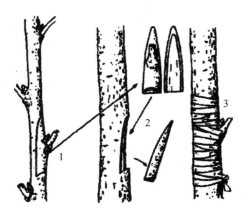

图 2-3　芽接

1—取接芽;2—切接口;3—绑扎

接露出芽,接芽上部留2～3厘米剪砧,抹去接芽以下的砧木芽,10天左右即可愈合,饱满芽成活率高。春季嫁接后待嫁接芽萌发,抽生新梢20厘米左右,再解绑剪砧。秋季嫁接的苗需待春季树液流动后剪砧解绑(图2-3)。以后加强病虫害防治和土肥水管理,秋季即可成苗。芽接成活率可达95%以上。

(二)硬枝劈接

劈接多在春季萌芽期进行。选用成熟度好,粗度为0.5～1厘米的1年生枝作接穗,接穗一般有2～3个芽,接穗上端蘸蜡保湿。在接穗基部双侧削成长约2厘米的平滑斜面呈楔形,砧木在距地面20～30厘米光滑处剪断,自顶部向下直劈2～3厘米,将接穗插入切口,使其至少一侧形成层对齐,用塑料条扎绑严实,扎绑时应兼顾封严砧木、接穗的顶部切面(图2-4)。接穗萌芽略晚于砧木,应注意及时除萌,促进愈合成活。接口完全愈合后方可解绑。

无论是采用哪种嫁接方法,在同一批苗木嫁接时,嫁接高度要基本一致,应根据砧木苗粗度而定。

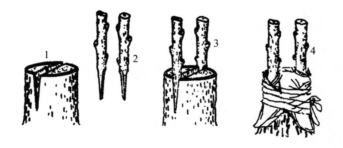

图2-4 劈接

1—劈接口;2—削接穗;3—插接穗;4—绑扎

第四节 苗 木 出 圃

一、分级包装运输

在挖苗前1周,若土壤干旱应浇1次水,并在挖苗的前一天将苗木叶片全部抹除(带叶栽植除外)。挖苗时应2人一组,从两边将铁锨插入土中,深约30厘米,尽量减少根系受伤。

苗木挖好后,应及时进行分级,避免太阳暴晒。分级时,剔除带有根癌病、根腐病、干腐病、流胶病和有明显病毒病特征的病株并销毁。分级后,每 20～30 株为一捆,捆两道绳,还应附有品种、砧号标签,然后用抗根癌菌剂与水、黏土制作泥浆蘸根,用麻袋或蛇皮袋包根,袋内要填充保湿材料,及时进行运输。

苗木运输要及时,以保证质量。如用汽车自运苗木,途中应用帆布严密覆盖,做好防雨、防冻、防干与防盗等工作。到达目的地后,要及时接收,尽快定植或假植。

二、苗木假植

若较长时间存放,需挖假植沟进行假植。假植沟要选在背风、向阳、高燥处。沟宽 50～100 厘米,沟深和沟长分别视苗高、气象条件和苗量确定。需挖两条以上假植沟时,沟间距离应在 150 厘米以上。沟底铺沙或湿润细土 10 厘米厚,苗梢朝南,按砧木类型、品种和苗级清点数量,做好明显的标志,斜立于假植沟内,填入湿沙或湿润细土,使苗的根、茎与沙、土密接,地表填土呈堆形。在苗木无越冬冻害或无春季"抽条"现象的地区,苗梢露出土堆 20 厘米左右;苗木有越冬冻害或有春季"抽条"现象的地区,苗梢应埋入土堆以下 10 厘米。长时间假植的苗木埋土后要浇 1 次透水,然后再覆 1 次土。冬季多雨、雪的地区,还应在假植沟四周挖排水沟。

三、苗木检疫消毒

苗木挖好后,必须到县、区植物检疫站进行检疫,并办理检疫证书。苗木在定植前,需用杀菌剂 3～5 波美度石硫合剂喷洒或浸泡 10～20 分钟,然后用清水冲洗根部。杀虫常用熏蒸剂,每 1 000 立方米容积放氰酸钾 300 克、硫黄 450 克、水 900 毫升,熏蒸 1 小时,处理完毕后应先开门排气,待熏蒸气体排完后,再取出苗木。

第三章　樱桃建园技术

第一节　樱桃园地选择

一、对气候条件的要求

樱桃对气候带的要求,主要是要在樱桃适宜的温度带选择园址。甜樱桃适宜温度为年平均气温 10～14 ℃;中国樱桃适宜气温范围略广,年平均气温为 10～16 ℃;毛樱桃能耐－40 ℃的低温,可在年平均气温 8～15 ℃的区域栽培。

二、对周围环境条件的要求

（一）光照

樱桃是极喜光植物,园地的东、南、西三面不能有高大的建筑等遮阳物。

（二）防风

甜樱桃根系分布较浅,遇大风树体易倒伏。叶片大,易被风刮破,还会造成落果、伤果。所以,园地最好选择在背风、向阳或周围有防风物可以挡风的地带。若无以上条件,就要在建园的同时营造防护林带。

防护林防护范围一般是防护林带高度的 20～30 倍,迎风面防护范围是防护林带高度的 5 倍左右。防护林带的设置应与道路、排灌系统相结合。主防护林带要与主风向垂直,副防护林带与主防风林带垂直,大型果园中防护林带宽 10～20 米,主防护林带之间相隔 200 米,副防护林带之间相隔 300～400 米。防护林带的树种可选择生长迅速、树冠高大、病虫害少和不是果树主要病虫害的中间寄主植物（如毛白杨、青杨、旱柳等）。小型果园防护林带可采用构橘,既可起到防护作用,又可用作绿篱围墙。防护林能稳定气流,降低风速,减轻霜害。

（三）排灌

樱桃园应具有良好的排灌条件。樱桃既不耐涝也不耐旱，在不能灌水的山坡地或没有灌水条件的地块以及排不出水的低凹地或地下水位高的地都不宜种植。灌溉水应符合国家《农产品安全质量无公害水果产地环境要求》（GB/T18407.2—2001）灌溉用水标准。

（四）空气

园地周围空气要洁净，不能有造成污染源的工矿企业。园地距离主干公路线100米以外。来自工业企业的废气主要有二氧化硫、氟化物、氯气等。初选后要对园地空气进行检测，空气条件应低于保护农作物的大气污染物最高允许浓度值。

三、对土壤和重茬等条件的要求

（一）土壤

沙壤土、壤土、轻黏土与砾质壤土均适宜栽培甜樱桃，但生长在土层深厚、通透性好、肥沃土壤上的根系比生长在土层浅、贫瘠土壤上的根系多3～5倍。因此，建园时，甜樱桃园应设在土层在1米以上、地下水位较低（1.5米以上）、pH为6～7.5、有机质含量高的沙壤土、壤土地最好。土壤未使用含有毒有害物质的工业废水、废渣，土壤中汞、铅等7种物质要符合国家《农产品安全质量无公害水果产地环境要求》（GB/T18407.2—2001）土壤质量指标。

（二）重茬

不要和核果类果树重茬栽培。

第二节 樱桃园地规划

一、栽培方式选择

陇海铁路沿线地区及云、贵、川等高海拔地区是樱桃自然早熟栽培地带，果实自然成熟期早,但冬季进入休眠期晚,如果进行促早熟的保护地栽培,则果实成熟期提前量少,不如北方地区更有优势,所以在上述地区,应以露地栽培或以避雨防裂果、防鸟害覆盖栽培为主。北京、大连以北在冬季常有-20 ℃以下低温出现的栽培区,可考虑采取温室促早熟栽培。北方樱桃解除休眠的时期较早,可早扣棚,促使果实极早成熟。在冬季气温较高,解除休眠时间较晚的地区,塑料大棚温室完全可以满足其对温度的要求,且大棚温室面积大,利用率高,与同一地区日光温室栽培的甜樱桃可同期上棚,同期成熟,可考虑采用塑料大棚温室栽培。日光温室面积较小,但有利于保温,在北方早春气温仍很低的地区可采用这种保护地栽培。

二、园 地 规 划

园地规划要根据地形、地势、面积、不同栽培方式进行规划。栽培面积大时,要先规划小区,同一种栽培方式应规划在一个小区内,以便于施工和果园管理。规划好小区后还要进行排灌系统、防护林系统的规划。平整的地块一般可将50~100个667平方米划为一小区;山区、丘陵区应顺地块的走向进行区划,20~30个667平方米划为一小区。果园的排灌系统要依地形、地势及水源、资金和所采用的灌溉方式而定,采用地面漫灌。硬化水渠要修建到小区内,有条件的最好建立滴灌系统或微喷灌系统以及管道打药系统,实现果园管理的自动化。根据规划设计图,在定植前要先搞好基础设施的建设,如修筑渠道、道路、平整土地、砌好温室的墙体,立好支柱等。

丘陵、山地建樱桃园有其优势,果实色泽好,品质优。但丘陵、山地地形复杂,气候、土壤肥力和土层厚薄、降水量、植被等自然因素有较大的差异。应充分利用良好的小气候建樱桃园。坡度在5°~20°的斜坡地带,5°以下的缓坡地带,是发展樱桃园的良好地带。小区面积一般3 333~6 667平方米,或以几道梯田为一小区。小区间的小路可宽2米,干路可宽4米。

农业规划中土质肥沃的好地,均用于粮棉油等作物的生产,没有发展果树的余地。沙滩地是果树发展的重点地区。这种地带,土层瘠薄、多沙石、缺少水源。如要发展樱桃园,必须先进行土壤改良,增加土层厚度,解决好水源和防止漏水漏肥问题,营造防护林,然后才可栽植樱桃树。

三、确定株行距

株行距应根据栽培方式、栽培密度、砧木特点与土壤肥力等因素确定。合理密植，才能经济有效地利用土地资源，才能获得最大的叶面积，最大限度地利用太阳能。合理密植不是指超限度的密植。虽然过稀不利于早期丰产，总产量较低，但过度密植，就会使田间过早郁闭，通风透光不良，也降低了光合效率，影响果品的质量、产量及树体的经济寿命。

采用乔化砧木的甜樱桃一般每 667 平方米定植 33~56 株，即株行距为（3~4）米×（4~5）米；采用半矮化或矮化砧木的每 667 平方米定植 66~148 株，株行距为（2.5~1.5）米×（4~3）米。生长势较弱或矮生型的品种适当减小株行距，生长势强的品种要合理稀植；土壤肥力差的沙土地等适当密植，土壤肥力高的适当稀植。圆柱形、细纺锤形整形的可减小株距；开心形、丛状形整形的适当加大株距。现在，果树栽培的趋势是宽行密植。露地栽培一般行距为 4~5 米，株距为 2~3 米，每 667 平方米可定植 44~84 株；温室栽培一般行距 3 米，株距 1.5~2 米。这种株行距由于行间较宽，有利于通风透光和机械化作业。同时，由于减小了株距，而使密度增加，从而提高了产量。

四、整　　地

根据设计好的行向、株行距等进行整地。以漫灌方式浇水的甜樱桃园，要平整土地，防止灌水时形成"跑马水"和因地面高低不平而造成积水或干旱。山区、丘陵地要沿等高线整平，以利于灌水。地面整平后拉出行线挖定植沟（穴），有条件的尽可能挖沟定植，增加有机肥施用量，有利于改良土壤、雨季排水及以后的扩穴改土。

定植沟深 0.7~0.8 米、宽 1~1.2 米。挖沟（穴）时，把地面 30 厘米的表土放在一边，下面 40~50 厘米死土层的土放在另一边。沟（穴）挖好后，先在沟底填上 20~30 厘米厚的作物秸秆、杂草等物，上面填上 20 厘米死土层的土，然后把肥料与表土混合后填满沟（穴），并凸起 10~15 厘米。多余死土层的土盖在最上面或用作垄畦埂。此时施入的肥料为基肥，要以农家肥、厩肥等有机肥料为主，按每株 50~100 千克或每 667 平方米 10~15 立方米施肥量施入。每 667 平方米加入多元素复合肥 30

千克。如果已知缺少某种元素时,此时可一并添加施入。要将粪与土搅拌均匀,否则会因肥料分布不匀而造成植株生长不良或死亡。沟(穴)填好后要灌1次透水,叫塌地水,使沟内土沉实后再定植,苗木就不会下陷。

黏土地要进行高垄栽培。垄高25~30厘米,宽50~120厘米,苗木定植在高垄中间。整地时,先把肥料全园撒在地表,全园旋耕,沿树行挖沟带深犁。然后仅用园内掺和肥料的表土做高畦即可。有滴灌(喷灌)设施的果园,第一年起高畦较窄,漫灌的果园起畦较宽。以后每年秋施有机肥料时,把肥料撒在高畦两边的腰上,取行间低畦内的表土覆盖在有机肥料上,这样每年高畦会加宽、加高,可满足根系延长生长的需求。

第三节 樱桃定植技术

一、品种配植

发展甜樱桃必须做到良种良砧配套,才能高产稳产。目前甜樱桃的主栽品种以那翁和大紫为主,适当发展红灯、红樱桃、滨库、鸡心等。砧木应选择大叶中国樱桃和摩巴酸,以增强根系,提高抗风能力。

中国樱桃树自花结实能力较强,不配植授粉品种也能结果良好。但甜樱桃多数品种自花结实能力很低,必须配植一定比例的授粉树。配植授粉树时,首先考虑的是授粉品种与主栽品种授粉亲和力、开花期能否相遇,适应性、果实的经济价值等。

授粉品种占的比例应为20%~30%。授粉品种配植的方式为:山地可与主栽品种混栽,每3株主栽品种栽1株授粉品种;平原地区每3~4行主栽品种栽1行授粉品种。樱桃树常用栽植密度如表3-1所示。

表 3-1 樱桃树常用栽植密度

品种	山坡地				平原或沙滩地			
	瘠薄土壤		深厚土壤		肥力中等		肥沃土壤	
	株行距(米)	667米² 株数(棵)	株行距(米)	667米² 株数(棵)	株行距(米)	667米² 株数(棵)	株行距(米)	667米² 株数(棵)
那翁	4×5	33	5×6	22	5×6	22	6×7	15

续表

品种	山坡地				平原或沙滩地			
	瘠薄土壤		深厚土壤		肥力中等		肥沃土壤	
	株行距（米）	667 米² 株数（棵）	株行距（米）	667 米² 株数（棵）	株行距（米）	667 米² 株数（棵）	株行距（米）	667 米² 株数（棵）
大紫	5×5	26	5×6	22	6×7	15	6×7	5
滨库、小紫、鸡心	2×3	111	3×5	44	4×5	33	5×6	22
酸樱桃	2×3	111	3×5	44	4×5	33	5×6	22
中国樱桃	2×3	111	3×5	44	4×5	33	5×6	22

二、定 植 时 期

甜樱桃在落叶后至春季发芽前均可定植。晚秋至初冬定植的苗木要埋土防寒，露出地面部分的苗干要用塑料薄膜包裹防寒，并及时浇水防止冬旱，地面覆盖地膜防寒防冻。秋、冬季定植的苗，有利于伤根的愈合。地温升高后，根系可早日恢复活动，分生新根，吸收水分和营养，使小苗发芽较早。冬季特别严寒的地区，不宜在晚秋至初冬定植，应在 2 月份芽萌发前，土壤解冻后定植。早春定植的苗木，根系需要一定的时间愈合伤口，然后才能分生新根，小苗发芽的时间稍晚。但可以避免冬季的各种自然灾害。农民有句俗语："秋栽树先长根后发叶，春栽树先发叶后长根。"所以，春天定植要早，以避免"先发叶后长根"现象发生，才能提高成活率。

三、栽 植 密 度

樱桃定植前，首先要根据株距和定植行的长度进行打点，确定每行的株数，然后再根据主栽品种与授粉品种苗数的比例确定授粉品种的位置。当主栽品种苗数与授粉品种苗数各半时，可采用行列式定植；当授粉品种苗数较少时，可采用分散式或中心式定植（图 3-1）。无论怎样定植，都要确保授粉品种距被授粉品种之间不超过

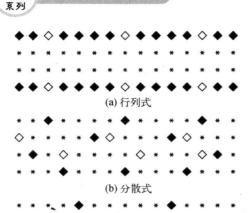

图 3－1　授粉品种的栽植

（图中，◇◆表示授粉品种，＊表示主栽品种）

12 米。这项工作要在定植前设计好，避免无计划的定植造成授粉品种分布不均匀。各品种的定植位置确定后就可以开始栽苗。

樱桃树的栽植密度应根据土壤、砧木、品种以及管理水平而定。在土壤条件好、管理水平高、品种生长势强的地方，株行距宜大些，否则宜小些。为了充分利用土地，增加单位面积产量，幼龄樱桃园可以适当加密，或采用带状栽植，待树长大后，再行间伐。

目前生产上常用的栽植密度，可参考表 3－1。

四、定　植　方　法

在定植的前一天，将苗木从苗圃或假植沟内挖出，把苗木分品种扎成捆，挂上标签。然后把根系放在水中浸泡 12 小时左右，使其吸足水分。在定植前，还要将苗木根系修剪，剪去劈裂根、伤口较大的根系或过长的根，然后用防根癌菌剂处理根系。定植面积较大时，还要把壮苗与弱苗分开定植，以便于定植后分别管理。

在栽植方法上要精心。栽植以前，按预定的株行距挖穴或开沟，塌地水渗下后，能够作业时就可开始定植。如果是穴栽，要求挖大坑，穴深 60～100 厘米，直径 100 厘米；如果开沟栽则挖深、宽各 100 厘米的沟。注意将表土与底土分开放置，然后在定植穴或定植沟内回填 20～30 厘米厚的与表土混合的有机物，如树叶、秸秆、杂草或厩肥等，用脚踏实。再填部分表土至距地面 30 厘米左右，让中间略高于四周，将苗木放入穴（沟）内，使根系舒展，随填土随摇动苗木，并用脚踏实，使根与土壤密接。为防止苗木浇水后土壤下沉或被风吹倒，栽后可用木棍或竹竿固定。随即浇水，水渗后在苗木树干基部培一小土堆，或盖上 1 平方米的地膜，能起到防寒、抗旱作用，可提高苗木的成活率（图 3－2）。如定植芽苗，芽的方向应在主迎风面（4—7 月间的

主要大风)。栽好后的嫁接部位应离地面
10厘米以上。

　　苗木定植后立即灌1次定根水,使根
系与土壤充分结合,同时按预先设计的树
形进行定干或对芽苗进行剪砧。芽苗剪
砧时,剪口距接芽保持5毫米左右的距
离,防止剪口抽干而降低接芽的成活率。
萌芽后,定植芽苗的要及时抹去砧木芽,
使营养集中于品种芽的萌发与生长。定
植成苗时,除为了整形需要而进行的抹芽
外,一般不需抹去主干上的芽,但砧木上
萌发的芽要及时抹去。

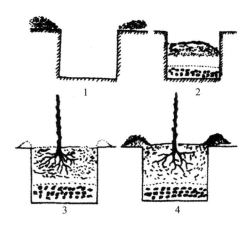

图 3-2　樱桃的栽植方法
1—挖穴;2—填土;3—栽植;4—覆盖塑料薄膜

　　当定根水渗下后,要及时松土保墒。在浇水困难的地块,中耕松土后可以覆盖
地膜保墒,提高土壤温度,保持土壤水分。

五、防止幼树抽条

　　甜樱桃幼树枝条自上而下干枯叫抽条。严重时全树枯死,主要表现在一二年生
树上。华北、西北部分地区常发生这种现象。

(一)抽条的原因

　　抽条是冻旱引起的生理干旱,不是冻害。所谓冻旱是指冬末及早春,地下土壤
结冻,大部分根系分布在冻土层,因不能吸收水分而致的枝条抽干。同时,早春风
大,空气干燥,枝条水分蒸发量大,形成明显的水分失调,引起枝条生理干旱,造成枝
条由上而下的抽干。另外,秋季浮尘子(叶蝉科和飞虱科昆虫)在枝条上产卵为害,也
是造成抽条的原因之一。

(二)防止抽条的措施

1. 缠塑料条或裹纸

　　冬季土壤封冻前,用3厘米左右宽的塑料条把枝条依次裹紧、包实,待春季芽萌

动时,将塑料条解开,这样可基本抑制水分蒸发。

2. 涂抹防寒油

所谓防寒油实际上是把枝条表皮薄薄涂上一层油脂,防止水分蒸发。涂防寒油的时间各地有所不同,一般在 12 月初,因为此时气温较低。不要过早涂防寒油,否则气温较高,半熔化的防寒油有渗透作用,对芽的萌发和生长不利。此法比较简单,用一块软布,或套上线手套,涂上防寒油,把枝条表皮均匀涂上一层即可。但需注意不要涂得太厚,以避免早春气温升高,使油脂渗入芽内。

3. 早春灌水

早春根据气温干燥情况,果园应及早浇水,生产上叫顶冻浇水,这对减少地上部枝条水分蒸发、防止抽条有重要作用。因樱桃根系浅,上层的根系有些处在地表,而地面土壤经一个冬天的风化,失去水分,此时并没有冻层。因此,此时浇水可被一部分根系吸收,减少抽条。

第四章 土肥水管理技术

第一节 土 壤 管 理

一、扩 穴 改 土

扩穴是樱桃园的一项基本工作。山地果园一般土层较浅,土壤贫瘠,影响根系伸展;平原果园一般土层虽厚,但透气性较差。通过扩穴,可加深土层,改善通气状况,结合施有机肥,可改良土壤结构,促进微生物的活动,有利于根系的生长和提高吸收肥水的能力。从定植后的第一年秋季开始,每年都要进行扩穴,用2～3年的时间把全园扩穴一遍。时间可选每年秋季的9—10月份,此时气温、土温均较高,营养生长缓慢,根系仍处于活动状态,断根易愈合,第二年春天新生根系数量多,将增强对养分和水分的吸收能力。结合扩穴秋季施基肥,果园土壤黏重时,除多施用作物秸秆和牲畜粪外,还应掺入沙土以改良土壤的透气性;果园土壤瘠薄时,应多施牲畜粪或作物秸秆,以增加土壤的有机质含量。

扩穴方法:挖沟定植的樱桃园,只在行间扩穴。从第一年开始沿定植穴的边缘开始扩穴,每年或隔年向外扩展,挖一宽约50厘米、深60厘米的环状沟。扩穴沟深60～80厘米、宽80～100厘米,新穴与原定植坑之间不要留隔埂。每年扩穴,用2～3年时间,使行与行之间、株与株之间要完全扩通,使根系分布层没有死土层,以有利于根系向行间延伸生长。在行间扩沟时,沟应与果园两头的排水沟相通,以便有利于雨季排水。在扩穴时,不要损伤较粗大的根系。

二、中 耕 松 土

中耕松土是樱桃生长期土壤管理的一项措施。因樱桃园行间种草或间作,所以,多数樱桃园只在樱桃营养带进行中耕松土,通常在灌水或下雨后进行。中耕松土一方面可以切断土壤毛细管,保蓄水分,促进土壤通气,防止土壤板结;另一方面可以消灭杂草,减少杂草对水肥的竞争。中耕松土的深度为 5 厘米左右,不可过深,以防止损伤粗根。

三、果园间作

幼树期间,为了充分利用土地和阳光,增加收益,可在行间适当间作经济作物。间作物应为矮秆类作物,以利于提高土壤肥力。例如,花生、绿豆等豆科植物,不宜间作小麦等影响甜樱桃生长的作物。间作时要留足树盘。间作时间最多不超过 3 年,一般为 1~2 年,以不影响树体生长为原则。

果园生草是指在果树行间种植草本植物,这种种植方式在先进的果树生产国家普遍推广使用,是一种较好的果园地面管理方式。果园生草具有以下优点:防风固沙,减少水土流失;强化土壤微生物的活动,活化、富集土壤养分,增加土壤有机质,改良土壤生态环境;豆科作物的固氮作用还能增加土壤养分,在一定程度上减少施肥投入;草本作物根系的新陈代谢,能起到疏松土壤,增加土壤孔隙度,达到自然免耕之目的,能够实现果、草、牧综合利用,提高果园经济效益。生产中常用的有白三叶草、毛叶苕子等。

四、树 盘 覆 盖

1. 有机物覆盖

树盘覆盖是将作物秸秆、刈割后的杂草、绿肥等有机物质覆盖于树下土壤表面,数量一般为每 667 平方米 2 000~3 000 千克。覆草的厚度为 18~20 厘米。覆草的时间可在雨季之前,通过雨水可将草固定,以免风把覆盖物吹散,同时雨水可促进覆草的腐烂。

树盘覆盖有很多优点:有机物质的覆盖,可减少水土流失,减少地面水分蒸发,保持土壤湿度的相对稳定;冬季提高地温,夏季降低地温,促进土壤微生物的活动;由于覆盖物的腐烂分解,还能提高土壤中有机质和养分的含量,增加土壤团粒结构的形成,有利于根系的生长。树盘覆盖最适宜山地果园,土质黏重的平地果园及涝洼地不提倡覆草,因为覆草后雨季容易积水,引起涝害。另外,在打药防治病虫害时,覆盖物上也要喷洒农药,以消灭潜伏在草中的病虫害。

2. 地膜覆盖

一般能够起到蓄水保墒、增加地温和抑制杂草生长的作用。在果园定植时普遍采用，可以明显提高苗木的成活率，促进苗木生长。

成龄果园一般没有必要覆盖地膜，但为了促进果树在春季早萌芽、早开花、早成熟，以及增加内腔光照，提高叶片光合效率，也可适当采用地膜覆盖。

露地栽培一般是从土壤刚开始上冻时开始覆盖地膜，到第二年5月份揭膜。温室栽培的果园应在扣棚时开始覆盖地膜。密植栽培的果园应顺行覆盖，稀植果园可以只覆盖树盘。覆膜方法是：先将地膜的一边用土压好，再将对应树干的另一边膜横向剪开至1/2处，通过树干，将膜拉平展后，用土压住剪开的口和地膜的另一个边（或其他3个边）。地膜边缘埋入土中的宽度不能少于5厘米。

进行地膜覆盖时要注意以下5个问题：

（1）浇水后，需待地里水渗下，中耕松土后才能覆盖地膜；否则，会因土壤含水分过大，盖膜后水分不易散失，土壤透气性降低，而引起根系腐烂。

（2）为了保证根系的正常呼吸和地膜下二氧化碳气体的排放，地膜覆盖带不能过宽，一般幼树仅盖60～80厘米宽，大树覆盖面积最多达到70％左右。

（3）降雨后，注意开口排水。

（4）幼树到6月份要撤膜或于膜上盖草，防止地面高温。

（5）及时回收果园里的废地膜，减少土壤污染。

第二节　施　　肥

一、樱桃施肥特点

（一）樱桃生长发育所需的营养元素

根据国内外樱桃营养学研究，樱桃生长发育所必需的营养元素有碳（C）、氢（H）、氧（O）、氮（N）、磷（P）、钾（K）、钙（Ca）、镁（Mg）、硫（S）、铁（Fe）、锌（Zn）、铜（Cu）、锰（Mn）、硼（B）、钼（Mo）、氯（Cl）等16种。根据需求量的多少，一般把它们分成大量元素、中量元素和微量元素3类。大量元素包括碳（C）、氢（H）、氧（O）、氮（N）、磷（P）、钾（K）6种元素。碳（C）、氢（H）、氧（O）3种元素虽是有机质的基本组成成分,但这 3 种元素的来源主要是空气中的二氧化碳和水,在自然界中非常丰富。所以,露地樱桃栽培不需要施用这 3 种元素的肥料,但温室密闭栽培时,一般需补充二氧化碳气肥。其他 13 种元素一般都来自土壤中的矿物质元素,故称矿物质营养。所以,其他 13 种元素当土壤中供给不足时,樱桃树体就会发生各种病态症状,或生长发育不良,造成产量和品质降低,严重时可致使树体死亡。

(二)樱桃根系生长与施肥

樱桃最适宜在 pH 为 6.5～7.5 的土层深厚、土质疏松、保水力较强的沙壤土或壤质沙土、沙质壤土上栽培;根系的须根发达,在土壤中分布层浅、水平伸展范围很广;在冲积土上,骨干根和须根集中分布在地表下 5～35 厘米的土层中,多分布在 20～30 厘米的土层中。因此,樱桃要大量使用有机肥和酸性肥料改良土壤质地和降低土壤 pH。适当增加土壤施肥深度,根据植物的根系都有向肥性的特点引导、促进根系向深层生长,以提高树体抗旱、抗寒性。

(三)樱桃幼龄期至初果期树体生长发育与施肥

1～2 年生幼树主要以营养生长为主,从发芽开始至 7 月份是需肥高峰期。所以,在这一时期每年需追肥 4～5 次,在营养上需氮较多。3～5 年结果初期,树体营养生长旺盛,花、果量少。为了使树体由营养生长向生殖生长转化,促进花芽形成,此期施肥要控制氮肥施用量,加大磷、钾肥施用量,加大秋施基肥量。

(四)樱桃盛果期树体生长发育与施肥

樱桃盛果期树体花果量大,营养生长量很少,其盛果期的树体一般只有春梢一次生长,且春梢的生长与开花、果实发育、花芽分化开始期基本同步,都集中在生长季的前半期,大量的养分需求就主要集中在樱桃生长季的前半期。所以,樱桃越冬期间营养贮藏水平及发芽期、开花期、果实生长期、新梢生长期和花芽形成期营养的供给对樱桃的果实、树体发育尤为重要。此期要多施有机肥,适当加大氮肥施用量。

二、常见肥料种类

（一）允许使用的农家肥料

1. 农家肥料

由含有大量生物物质、动植物残体、排泄物和生物废物等积制而成，含有丰富的有机质和腐殖质及樱桃树体所需要的各种常量元素和微量元素，还含有激素、维生素和抗生素等。主要包括堆肥、沤肥、厩肥、沼气肥、绿肥、作物秸秆肥、泥肥和饼肥等。

2. 堆肥

是利用作物秸秆、杂草、落叶、垃圾及其他有机废物为主要原料，再配以一定量的粪尿、污水和少量泥土堆制，经好气微生物分解而成的一类有机肥料。堆肥多在高温季节进行，肥堆的湿度为 65%～75%，温度为 50 ℃以上，经过无害化处理发酵。为有利于微生物活动，也要注意肥堆的通气。堆肥要达到相应的腐熟标准和卫生标准。

3. 沤肥

所用物料与堆肥基本相同，只是在淹水条件下，经嫌气微生物发酵而成的一类有机肥料。

4. 作物秸秆肥

以麦秸、稻草、玉米秸、豆秸和油菜秸等直接还田的肥料。

5. 泥肥

用未经污染的河泥、塘泥、沟泥、港泥和湖泥等经嫌气微生物分解而成的肥料。泥肥必须无工业废渣和废水污染。

6. 厩肥

也叫圈肥。是利用家畜圈内的粪尿和所垫入的杂草、落叶、泥土草炭等物质，经过沤制而成的肥料。圈肥含有氮、磷、钾三要素，其中含钾量较高，可被果树直接吸收利用。猪圈粪中含有机质 11.5%，氮、磷、钾含量分别为 0.45%、0.19% 和 0.6%。牛、马粪中含有机质 11%～19%，氮、磷、钾含量分别为 0.45%～0.58%、0.23%～0.28% 和 0.5%～0.63%。

上述农家肥发酵腐熟度的鉴别指标如下：

● 颜色、气味：褐色或黑褐色，有黑色汁液，带有氨味，不再有粪便的恶臭味。

● 秸秆硬度：湿时用手握感觉柔软、有弹性；干时用手握感到很脆，易破碎，失去弹性。

● 浸出液：取腐熟的肥料加清水搅拌后（肥水比例 1 ：5～10），放置 3～5 分钟，浸出液呈淡黄色或黄褐色。

● 体积：腐熟后的体积比刚堆时塌陷约 1/3。

● 碳氮比（C/N）：一般为（20～30）：1，其中五碳糖含量在 12% 以下。

● 腐殖化系数：在 30% 左右。

● 无害化处理后的卫生指标：蛔虫卵死亡率≥95%；大肠菌值≥10%；砷≤0.005%；镉≤0.001%；铅≤0.015%；铬≤0.05%；汞≤0.000 5%。

7. 沼气肥

在密封的沼气池中，有机物在嫌气条件下经微生物发酵制取沼气后的副产物，主要有沼气水肥和沼气渣肥两部分组成。

8. 饼肥

以各种含油分较多的种子经压榨去油后的残渣制成的肥料，如菜籽饼、棉籽饼、豆饼、花生饼和芝麻饼等。

9. 绿肥

绿肥也是果园基肥来源之一，有较高的肥效，果园中常用的绿肥植物主要有紫穗槐、毛苕子、三叶草、草木樨、田菁、沙打旺和绿豆等。

10. 人、畜粪尿

是人、畜粪便和尿的混合物，富含有机质和各种营养元素。其中，人、畜粪尿含有机质 5%～10%；氮、磷、钾的含量分别为 0.5%～0.8%、0.2%～0.4% 和 0.2%～0.4%。人、畜粪尿最常用的腐熟方法是和泥土、垃圾、杂草等制成堆肥。堆制的比例，以能充分吸收粪尿汁液为原则，一般可以掺入相当于粪尿量 3～4 倍的泥土或垃圾。在粪尿中，加入 3%～5% 的过磷酸钙，可减少氮素的损失，并可提高磷素的可利用性。

（二）允许使用的商品有机肥料

1. 有机肥

以大量动植物残体、排泄物及其他生物废料为原料，加工制成的商品肥料。

2. 腐殖酸类肥料

以含有腐殖酸类物质的泥炭（草炭）、褐煤、风化煤等经过加工制成含有植物营养成分的肥料。

3. 有机复合肥

经无害化处理后的畜、禽粪便及其他生物废物加入适量的微量营养元素制成的肥料。

4. 有机无机肥（半有机肥）

有机肥料与无机肥料通过机械混合或化学反应而成的肥料。

5. 掺和肥

在有机肥、微生物肥、无机（矿质）肥、腐殖酸肥中按一定比例掺入化肥（硝态氮肥除外），并通过机械混合而成的肥料。

（三）允许使用的商品微生物肥料

以特定微生物菌种培养生产的含活的微生物制剂。根据微生物肥料对改善植物营养元素的不同，可分成根瘤菌肥料、固氮菌肥料、磷细菌肥料、硅酸盐细菌肥料和复合微生物肥料等 5 类。

（四）允许使用的商品无机（矿物质）肥料

无机（矿物质）肥料由矿物经物理或化学工业方式制成，养分呈无机盐形式的肥料。氮肥有硫酸铵、硝酸铵、碳酸氢铵、尿素和磷酸二铵等。磷肥有过磷酸钙、浓缩过磷酸钙、钙镁磷肥和磷矿石等。钾肥有硫酸钾、氯化钾和硫酸钾镁等。氮、磷、钾三元复合肥有 732、733 等。

（五）允许使用的商品叶面肥料

是指喷施于植物叶片并能被其吸收利用的肥料，叶面肥料中不得含有化学合成的生长调节剂，包括含微量元素的叶面肥和含植物生长辅助物质的叶面肥等。

（六）允许使用的其他肥料

是指不含有毒物质的食品、纺织工业的有机副产品以及骨粉、骨胶废渣、氨基酸残渣、家禽家畜加工废料和糖厂废料等有机物制成的，经农业部门登记允许施用的肥料。

（七）禁止使用的肥料

未经无害化处理的城市垃圾或含有金属、橡胶和有害物质的垃圾。硝态氮肥和未腐熟的人粪尿，未获准登记的肥料产品等。

（八）控制使用的肥料

含氯化肥和含氯复合肥。

三、合 理 施 肥

（一）影响樱桃肥料量的主要因素

1. 树体生长量

樱桃年生长周期中花、果、叶、枝等所有器官发育生长量大，需求肥量就大；反之，则少。樱桃年生长量大小主要与品种特性、生长年限、整形修剪与产量高低相关。

2. 土壤天然供肥力

不同的土壤差异较大，沙土天然供肥力低，黏土天然供肥力高，一般土壤天然供肥力的范围为：氮10%～30%，磷20%～40%，钾30%～50%。在大多数樱桃种植地区，中量元素含量很高，一般都不需要施肥。施肥种类主要有氮、磷、钾、铁、锌、锰、硼等7种。

3. 肥料利用率

一般来说，有机肥料的利用率高于无机肥料，有机无机复混肥的利用率介于有机和无机肥料之间。缓/控释肥料的利用率会由于缓/控释剂的差异及制造工艺而相差悬殊，但总体来说，缓/控技术的应用能很好地提高肥料利用率。

4. 施肥方式

肥料沟施、穴施的利用率大于撒施，过多的撒施不仅会导致养分流失，还会造成根系上翻，影响树体的生长。少量多次施肥能有效地提高肥料的利用率。

5. 土壤环境及气候条件

含有机质高的壤土地肥料利用率高,沙土地肥料利用率低。

一般幼树施肥量按栽后第一年,每棵树施尿素 200 克左右,在前 3 年内,每年递增约 50%。3 年以后在此基础上按产量的增加计算施肥量,同时还要根据不同树龄的氮、磷、钾施肥比例计算氮、磷、钾的施肥量,进行施肥。

(二)秋施基肥

各个年龄阶段的树体在每年的 9—10 月份都要结合扩穴进行秋施基肥。早施基肥有利于肥料熟化,有利于断根愈合,提高根系的吸收能力,增加树体内养分的储备,第二年春天可早发挥肥效。基肥施用量要占全年施肥量的 70%。

施基肥的方法是:对幼树可用环状沟施肥法或带沟施肥法。环状沟施肥法是在树冠的外围,树冠投影处挖宽 60 厘米、深 40～50 厘米的沟将肥料施入。对大树最好用辐射沟施肥,即在离树干 50 厘米处向外挖辐射沟,要里窄外宽,里浅外深,宽度及深度为靠近树干一端 30 厘米,远离树干一端为 40～50 厘米,沟长超过树冠投影处约 20 厘米,沟的数量为 4～6 条,每年施肥沟的位置要改变。带沟施肥法是在定植后第一年至第三年秋施基肥,挖沟时结合扩穴进行。全园完成扩穴后,沿行向或株间在树冠外缘附近开沟施肥,施肥沟宽 40～60 厘米,深 60 厘米左右,行间开沟施肥的沟长与树行长度等长,株间开沟施肥的沟长与树冠大小等同。将有机肥和表土混合后施入沟中,底土撒于表层或作畦埂。

(三)土壤追肥

土壤追肥在樱桃树生长期进行,肥料利用率较高。樱桃的土壤追肥因不同树势、树龄、土质等,施肥的种类、时期和施用量的不同也各有差异。土壤施肥的方式多采用放射沟、环沟、条沟施肥,只是沟较浅、较窄。一般追化肥的沟深 15～20 厘米,宽 20～30 厘米,长度同秋施基肥。土壤追肥后要及时浇水。

1. 1～2 年生幼树土壤追肥

主要以营养生长为主,在营养上需氮较多。要少量多次施肥,从发芽期开始追肥,至 7 月中旬,1 年追肥 4～5 次。每次每株可追化肥 50～100 克,或追施沼气肥 5 千克。可采用氮、磷、钾含量为 15：15：15 的三元复合肥 1 份和尿素 0.5 份充分混匀后按上述株施量追肥。

2. 3～6 年生初果期树土壤追肥

这一时期树体营养生长旺盛,为了控制营养生长,促进花芽形成,此期施肥要控制氮肥,加大磷、钾肥施用量。施肥比例可采用氮、磷、钾含量为 10：20：15 的三元复合肥。1 年土壤追肥 2 次,分别在发芽期和采果后施入。每株每次施复合肥 150～300 克,或人粪尿或鸡粪水 10 千克。

3. 盛果期树土壤追肥

盛果期树体花多、果多、营养生长少,生长期需要大量的营养供给。可采用氮、磷、钾含量为 15：15：15 的三元复合肥。1 年土壤追肥 2 次,分别在发芽期和采果后施入。每株每次施复合肥 1～1.5 千克,或人粪尿、鸡粪水 40～70 千克。

4. 衰老期树土壤追肥

衰老期树体花果量极大,树势较弱。此期为了恢复树势,要适量促进营养生长。此期施肥,适当加大氮肥施用量。可采用氮、磷、钾含量为 15：15：15 的三元复合肥 1 份和尿素 1 份充分混匀后,按每株每次施复合肥 1.5～2 千克,或用人粪尿或鸡粪水 60～80 千克作追肥。1 年中分别在发芽期和采果后进行 2 次土壤追肥。

（四）根外追肥

樱桃根外追肥是将肥料直接喷施在树体、花、枝及叶面、叶背上,可以弥补根系吸收的不足或作为应急措施。叶面喷肥不要在树体有露水和下雨天喷施,夏天不要在正午高温时喷布。

1. 樱桃开花期根外追肥

在花开 30% 左右时,树体喷施 0.3% 尿素＋0.1%～0.2% 硼砂＋磷酸二氢钾 600 倍液。

2. 樱桃果实生长期根外追肥

果实膨大期喷康朴液钙 1 000 倍＋狮马牌果王 1 000 倍＋狮马牌靓果素 8 000 倍混合液,间隔 7 天喷 1 次,连喷 2～3 次。或喷布其他微量元素肥料。

3. 落叶前根外追肥

在开始降霜至落叶前,叶面喷施 5% 尿素 1 次,此时叶片厚、气温低,不会发生药害,有利于提高树体积累营养的浓度,可以提高树体抗寒性和为翌年发芽开花提供充足的营养。

第三节　灌水和排水

一、樱桃需水特点

樱桃树根系分布较浅，这说明樱桃根系呼吸量大，不耐缺氧。当土壤1～30厘米层干旱时，樱桃的根系因缺少水分，上部叶片表现出萎蔫。当浇水过多或降雨过多时，根系分布层的土壤含水量处于过饱和状态，土壤空隙中都是水分而没有空气时，根系就不能呼吸，也就不能吸收水分，就会出现因缺氧和树根被水渍而腐烂，地上部仍表现出叶片萎蔫。这两种情况都会引起地面上部植株死亡。

樱桃叶片大，叶片的水分蒸腾量就很大，需要有充足的水分供给。在夏季晴朗的高温天气，有时土壤中并不干旱，但由于叶片蒸腾量过大，根系正常的水分吸收不能满足蒸腾的需要，叶片在正午时也会表现出萎蔫，这是樱桃树体自身的保护功能。在夏季易出现高温的地区，行间种草或安装微喷管可以降低果园空气温度，提高果园空气相对湿度，减少叶片蒸腾。

樱桃的迅速生长主要集中在生长季的前半季，而在樱桃栽培区这一生长季多属干旱季节，降雨较少，必须及时浇水补充水分，才能满足樱桃生长发育的需求。花期干旱，开花质量降低，会影响坐果；在果实生长期缺水会影响果实发育速度，果实变小，严重时出现缩果、落果，到成熟期会加重裂果。果实着色期浇水、降雨过多都会加重裂果，干旱会造成果实变小，降低果实品质；进入雨季后如果降水过多而不能及时排出，就会造成根系因窒息而开始腐烂。晚秋气温降低，生长速度减缓，叶片蒸发量减少，需水量较少，但此期降雨较少，阳光质量好，叶片可以制造大量的营养用于树体营养积累，所以不能干旱，也不能过多浇水，过多浇水会造成秋梢旺长，降低枝芽抵御冬季寒冷等自然灾害的能力，加重"抽条"。冬季温度低，树体无叶，水分需求降到最低，但树体的根系仍在土壤中吸收少量的水分，以供给地上部树体少量的水分蒸腾和树体内部的生理分化等活动。所以，冬季也要适量浇水，不能过度干旱。冬季气温过低，出现土壤结冰的北方樱桃栽培区在封冻前浇水，土壤表层结冰后，冰层下的土壤保持在0℃以上的低温，能够保护根系不受冻害。

二、灌溉用水质量

樱桃无公害栽培，灌溉用水必须符合国家的规定指标（表4-1）。

表4-1 无公害水果产地灌溉用水质量指标（毫克/升）

pH	5.5～8.5	总汞	≤0.001
氯化物	≤250	总砷	≤0.1
氰化物	≤0.5	总铅	≤0.1
氟化物	≤3.0	总镉	≤0.005
六价铬	≤10	石油类	≤0.1

三、适 时 浇 水

从理论上讲，当土壤水分含量低于田间相对含水量的60%时，就应该灌水。但在实际生产中，不可能精确地根据田间持水量情况进行浇水，可根据下表提供的数据与墒情的关系进行灌水（表4-2）。

表4-2 土壤各级墒情大致含水量

墒情类别	干墒	灰墒	黄墒	褐墒	黑墒
感觉反应	手捏土感觉无湿意	手捏土稍感有湿意	手捏土感到有湿意	手捏土可成团，手上有湿痕迹	手捏土时可挤出水迹
土壤相对含水量	50%以下	60%左右	70%～80%	80%～90%	90%以上

注：土壤相对含水量＝田间绝对含水量/田间最大持水量×100%。

根据土壤墒情，结合以上樱桃的需水规律进行灌水。樱桃园的全年灌水可以分为以下几个关键时期。

（一）花前水

在芽萌动期进行，结合追肥浇水，以满足开花、展叶对水分的需求。如果此时期土壤比较湿润,土壤持水量达80%以上时,可不浇水。露地栽培的樱桃在花前浇水,可以降低地温,推迟花期,有利于避免晚霜的危害。

(二)硬核水

落花后,当果实发育如黄豆大小,果核开始变硬时为硬核期。此期除非确实有较大的降雨,否则,不论土壤的水分含量如何,都要及时浇水,促进果实发育,防止"柳黄落果"。对于易发生裂果的品种,坐果后的灌水要求少量多次,一直保持土壤的湿润状态,以防止降雨后大量裂果。

(三)采后水

果实采收后,是树体恢复和花芽分化的重要时期,需及时浇水以保证花芽分化。但浇水量要控制,宜小不宜大。此时,北方雨季未到,雨水少,气温高,日照强,水分蒸发量很大,需要结合施肥进行灌水。

(四)基肥水

秋施基肥后浇1次透水,促使施入土中的基肥尽快腐化,促进因施肥而造成受伤的根系尽快愈合,并发出新根,吸收营养,提高树体营养积累水平,从而增强树体的抗逆性。

(五)越冬水

入冬后,在土壤结冰之前浇1次水,使土温保持在0℃左右,这样不至于冻伤根系。

在雨水过少或过多的年份,浇水需灵活掌握,以保持土壤的适宜含水量。

四、灌溉方式

(一)喷灌

适用于各类果园,更适宜山地、坡地、园地不平整的生草果园灌溉。喷灌有固定式和移动式两种设备。喷头高度有:树冠上面、树冠中央、近地面等几种高度。此法省水、省工，除灌水外，还兼顾部分喷药、施肥、喷生长调节剂的作业，春季能防霜，夏季能防高温。

（二）滴灌

可为局部根系连续供水，土壤结构保持较好，水分状况稳定。此法比喷灌更省水、省工，对防止土壤次生盐渍化有明显作用。尤其干旱、缺水严重的樱桃园或起高垄栽培的樱桃园比较适用。

（三）树盘灌

在水源缺乏的地方可以采取穴灌，一般多用于幼树园，即1～2年生小树。以树干为中心，做高出地面约25厘米、直径为50～100厘米的圆周形土埂，向土埂内注水，树盘下的水下渗后，在穴上覆土8厘米左右保墒。

（四）畦灌

无灌溉设施的樱桃园，最经济有效的方式是畦灌。具体做法是：选1～2年生小树，沿树行做1条60～100厘米宽的浇水畦，树行在畦中央，顺畦流水即可。3年生以上的樱桃园应沿树行做宽、高均为30厘米左右的畦埂，树行在畦背上，树行两边各做50～80厘米宽的浇水畦。

（五）沟灌

在水源不足或有机械开沟条件的果园，可在树冠投影下开环状沟、株间短沟进行沟灌。沟灌比漫灌省水，破坏土壤结构程度较小。

（六）洞穴灌

适用于严重缺水的地区。3年生以上的樱桃园可在距树干80厘米以外的树冠下，挖4～8个深约60厘米、直径25厘米左右的穴洞，洞穴内填满草或腐殖质，适量撒入要追施的肥料，向穴内灌水。每次灌水后在洞穴口上盖塑料布，盖土封口保墒，防止水分蒸发。这种方法，只是在严重干旱时可作为果树应急之用。

（七）漫灌

采取漫灌方式浇水的樱桃园如果经常漫灌，易导致土壤板结和果园渍水，一般只在冬灌和花前浇水时采用漫灌，不保墒的沙土地在果实生长期可以采用漫灌。也可采取在树行的两边交替灌水的办法，既可以保持土壤水分，又能控制灌水量，节约用水。

有灌水设施的樱桃园，在浇花前水、越冬水、基肥水时，要适当加大浇水量，生长季节浇水要少量多次，只要浇透底墒即可。

五、樱桃园保墒

旱地樱桃园应注意建立以保墒为中心的耕作制度，如行间种草可以蓄水保墒；浇水后和雨后及时中耕保墒，浅锄 10 厘米左右，以达到松土保墒的目的。有条件的地方可利用杂草、秸秆、刈割绿肥覆盖园土保墒，采用地膜覆盖保墒。

六、及时排水

樱桃树最怕涝，特别是黏土地樱桃园，有时浇水量大或连续降雨，会造成果园内涝。因此，樱桃建园及管理时要重视防涝，做好以下几项工作：

（1）樱桃园不要建在低洼地，易积水而又不易排水的地方。

（2）挖定植沟时，易涝地块最好沿高低走势挖成定植沟，在较低一端地头挖 1 条深 50～60 厘米的排水沟，并与各定植沟相通，每年挖扩穴沟时也要与排水沟连通，以利于排水。

（3）易发生内涝的地区，在栽植时采用高垄栽植，使樱桃生长在垄中央，这样可以防止涝灾。对于大树，要在行间中央挖深沟，将沟中的土堆在树干周围，形成一定的坡度，使雨水流入沟内，顺沟排出。

（4）凡挖定植穴定植的果园最好在 1～2 年内结合扩穴挖通株间隔埂。

对于受涝樱桃园，天晴后要及时中耕，加速土壤水分蒸发和通气，使根系尽快恢复生机。

第五章　樱桃整形修剪技术

第一节　整形剪修理论基础

一、顶端优势与干性

1. 顶端优势强的品种

在樱桃园内,顶端优势强的品种具体表现为:树体顶部、外围生长的枝条直立、强旺,且大而多,中心干中下部和树体内膛中庸枝、小枝少,内膛光秃,没有结果枝。欧洲甜樱桃中的红灯、撒米托等品种属于顶端优势强的品种。

2. 顶端优势弱的品种

顶端优势弱的品种在枝条的顶端芽、背上芽萌发力较强,所形成的枝条生长略为旺盛,而下部、侧部、背下的芽萌发力要比顶端优势强的品种强得多。下部枝条明显增多,且自然分枝角度大。有的品种不需要拉枝开角,枝条就能水平生长或下垂生长。中心干或主枝的顶部延长枝往往因平斜生长或生长势较弱,使主枝不能继续延长(如莱阳矮樱桃等品种)。

二、萌芽率与成枝率

樱桃1年生枝条上,芽萌发能力的大小称为萌芽率。1年生枝中短截后,萌发芽抽生中、长枝的能力称为成枝力。一般中短截后能够抽生4个以上中、长果枝的为成枝力强;反之,则弱。与其他果树相比较,樱桃叶芽萌芽率高达90%以上,而成枝力相对较低,也因品种与树势而异。甜樱桃自然萌芽率高、成枝力较低,中国樱桃成枝率较高。盛果期树、弱树比幼树、旺树的成枝力强。成年树的萌芽力稍有降低。

整形修剪时要充分利用这些特性,成枝力强的树体少短截,多缓放,适量疏枝。成枝力较弱的品种,需适量多短截,促发中、长枝,增加枝量,少疏枝。

三、结果习性

以短果枝结果为主的品种,中、长果枝结果较少,此类品种以那翁为代表。在修剪上,应采取有利于短果枝发育的甩放修剪,增加短枝数量。树势较弱时,适当回缩,使短果枝抽生发育枝,进行枝组更新,然后再甩放。而以中、长果枝结果为主的品种类型,如大紫的短果枝结果比例较少,为促进中、长果枝的发育,应有截有放、放缩结合。如果不进行短截,中、长果枝会明显减少。

四、芽的早熟性

樱桃的芽和其他核果类果树相似,具早熟性,在生长季节摘心、剪梢可促发副梢。樱桃在花后对新梢保留 10 厘米左右摘心,能萌发出 1～2 个中、长枝,下部萌芽形成叶丛枝。新梢保留 20～40 厘米,摘去 20 厘米以上的梢部,能促发 3～4 个中、长枝;摘心过轻,则只能萌发 1～2 个中、长枝。在 1 年中可连续摘心 2～3 次。在整形上,可利用这一特性对旺枝、各主枝多次摘心,迅速扩大树冠,加快整形过程,初果期树可利用连续重摘心以控制树冠,促进花芽形成和培养结果枝组。

五、樱桃树冠

樱桃树冠体积的大小是由冠幅、冠高(图 5－1)而定。冠幅越大,树体越高,其体积就越大。在一定范围内,树冠体积越大,受光部位越多,光能利用率就越高。但当树冠过大时,外围枝叶量也大,叶幕层加厚,致使内膛的叶片不能见光或见光量极少。据测定,一棵大冠树其外层光照度可达70%以上;中间层光照度为 50%～70%;内膛光照度则小于 30%。当树冠内膛光照度降到 40% 以下时,就不能生产出优质果品;光照度在 30% 以下时会失去结果能力。所以,现代果树整形技术就是适当缩小冠幅,配以适当的冠高,增加单位面积株数,在尽可能

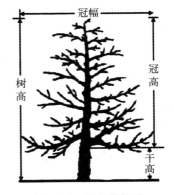

图 5－1　细长纺锤形

减小树冠内弱光照区的前提下扩大树冠、增加叶面积。

　　干高、树高是决定树冠高度的主要因素。降低主干高度,在不降低树高时,可以增加冠高,也有利于早成型、早结果。但树冠过于低矮时,会影响下层反射光照的利用。纺锤形整枝高度以60～80厘米为宜。

　　树高、冠幅应根据株行距的大小而定。合理的树高应为行距的80%左右。冠幅的大小以行间不影响作业和株间枝条相接为宜。冠幅过大,行间、株间枝条均相交时,作业不方便,行间通风透光不良,树冠下散射光也较少。

第二节　樱桃丰产树形结构

一、细长纺锤形

(一)树体结构

　　树高2.5～4.5米,具有直立的中心干,干高60～80厘米,冠幅1.5～3米。在中心干上均匀轮状生长着生长势相近、水平生长的15～25个主枝。下层主枝基角70°～80°、腰角80°～90°、枝梢角70°～80°,上层主枝开张角度90°～120°。各主枝可以直接培养成大、中、小型的结果枝组,也可在基部3个主枝上培养侧枝,再在侧枝上培养结果枝组。中心干上各主枝基部粗度不应超过着生部位中心干粗度的1/3,下部主枝枝长约1.5米。整个树体下部冠幅较大,上部较小,全树修长,呈细长纺锤形(图5-1)。

(二)整形修剪方法

　　成品苗定植后,在地面向上100～120厘米处短截定干,苗干粗的定干较高,苗干细的定干较低。剪口下的第一芽保留,抹去向下10厘米内的芽,留1个芽,然后再向下每隔7～10厘米留1个芽,呈轮状分布,抹去多余的芽,干高70厘米以下不抹芽(图5-2)。一般情况下,定干后上部所留1～4个芽容易抽生枝条,下部芽(干高60厘米以上的)可进行刻芽、涂抹发枝素促进发枝。当年春季能萌发4～7个新梢。如果苗干上有侧生分枝,且侧分生枝角度小,可在分枝基部留1个下位饱满芽,进行极重短截。侧生分枝粗度不超过中心干粗度的1/3,且分生角度大于70°的可保留不剪。

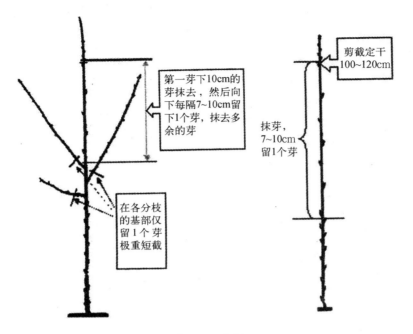

第一芽下10cm的芽抹去，然后向下每隔7~10cm留下1个芽，抹去多余的芽

在各分枝的基部仅留1个芽极重短截

剪截定干100~120cm

抹芽，7~10cm留1个芽

图 5 - 2　定干

当年夏季中心干上的各新梢生长至 15 厘米左右时用小竹签（或牙签）撑枝开角至 80°左右，新梢再延长生长后，梢部可能上翘，可坠枝开梢角。与中心干竞争的枝条基部留 3～5 个芽重度摘心，下部 3 个新梢生长至 60 厘米左右时，进行中度摘心，上部新梢生长到 20 厘米左右轻度摘心。经过这样的夏季修剪，1 年生树可生长 9～20 个新梢。

第二年开春进行冬季修剪时，中心干在有分枝处向上留 60～80 厘米短截，每隔 7～10 厘米留 1 个芽，呈轮状分布，抹去多余的芽，各延长枝中短截。将竞争枝、背上直立枝疏除。中心干上发出的新梢同第一年夏季修剪，选留主枝。第三、第四年同上继续选留主枝，进行冬季修剪。一般 3～4 年即可成型。

二、小冠疏层形

（一）树体结构

具有中央领导干，干高 80 厘米左右，全树 5～8 个主枝，分 2～3 层。第一层主枝3个,枝展1.5米左右,主枝开角60°～80°,每一主枝上着生1～2个侧枝和若干结果枝组,侧枝交替分布在主枝两侧,间隔30厘米左右;第二层主枝2～3个,主枝开角70°～90°,枝展80～100厘米;第三层主枝1～2个,主枝开角80°～120°,枝展50～80厘米。层内各主枝间距20～30厘米,层间距0.8～1.2米,第二层、第三层主枝不配备侧枝,直接着生结果枝组(图5-3)。层间中心干上直接培养中、小型结果枝组。小冠疏层形适宜2.5～3米×4～5米的株行距。

图5-3　两层小冠疏层形

(二)整形修剪方法

成品苗定植后,在地面向上90～100厘米处短截定干,保留剪口下第一个芽,先抹去3～4个芽,再选留1个芽,选留的芽成轮状分布,干高70厘米以下不抹芽。长出新梢后,选最上端直立、旺盛生长的1个新梢作为中心干,选3～4个分布均衡的健壮新梢为主枝。各主枝生长至20厘米左右时用小竹签(或牙签)撑枝开角至60°左右。当中心干长到90厘米,主枝长到60厘米左右时摘心,分别剪去先端20厘米左右的嫩梢。当中心干长度不够时,需要到冬季留相同长度进行短截,或等到第二年夏季生长到要求的高度后,再摘心培养第二层主枝。

第一年冬季修剪时,在第一层各主枝上的分枝中选1个生长最长的枝作延长枝(不选背上枝),并各选1个生长势较强的侧生分枝作为侧枝培养。3个主枝上的第一个侧枝生长方向要为同向,如无合适枝条,须翌年再选。主枝延长枝选留30厘米短截,不够长度不剪,各侧枝留1/2短截。中心干在达到第二层主枝高度部位选留2～3个呈轮状分布、生长势均衡的侧生分枝作为第二层主枝。第二层主枝以上的中心干留2/3短截。中心干达不到第二层高度时,在有饱满芽处短截。疏去背上枝、竞争枝。

第一层主枝的第一侧枝和中心干上的第二层主枝留量不够时,可在夏季新梢中选留,或在摘心后长出的副梢中选留。第二年、第三年的夏季摘心、开角同第一年。第二年冬季修剪时在各主枝第一侧枝上部30厘米处相对方向选一侧生分枝作为第二侧枝,在第二层主枝上选留第一侧枝。疏除直立背上枝、竞争枝。如果是3层整形,第三年用同样方法选留第三层主枝。第二层(或第三层)主枝选留后,就可以摘心,疏除中心干的延长枝,控制树干往高生长。

中心干上的层间留枝同细长纺锤形培养结果枝组,但枝展要小,不能影响下层主枝的光照和生长。

三、自然开心形

(一)树体结构

不具有中心干,主干高 40～50 厘米,树高 1～3.5 米,由 3～4 个主枝向四周分布形成树冠,主枝开张角度 40°～50°。每个主枝上留 2～6 个背斜或背下侧枝,插空排列,开张角度为 60～70°,其上着生各类结果枝组。树冠可控制在 1～3 米的范围内,变化较大。适宜于 1～3 米×3～5 米的株行距。在温室栽培中,其边部棚体较矮,可采用低定干的自然开心形。加大主枝开张角度,干性弱的品种可采用开心形。

(二)整形修剪方法

第一年在干高 60 厘米处定干。发新梢后选 3～4 个分布合理、生长健壮的枝作主枝,要拉枝至 50°～60°,其他不作主枝的分枝长至 20 厘米左右时开角至 70°～80°,轻度摘心。各主枝生长至 60 厘米左右时,留 40 厘米摘心,摘去 20 厘米左右,促生二次副梢。树体生长空间较狭小时,其分枝直接培养成结果枝组;空间较大时,选侧斜、背下枝培养成侧枝。第一年冬季修剪时,各主枝先端选生长健壮的中庸外向枝作主枝延长枝,疏除背上直立枝、竞争枝。在主枝上,每隔 15～20 厘米继续选侧斜枝、背下枝培养成侧枝,小枝、弱枝缓放不剪。第二年、第三年若空间允许,主枝上发的枝继续同第一年摘心,选留侧枝,侧枝上发的新梢每生长 20～30 厘米,进行摘心,培养结果枝组。

四、丛　状　形

(一)树体结构

没有主干和中心干,树体结构与自然开心形基本相似。在近地面处分生出 4～5

图 5 - 4　丛枝形的两个主枝示意

个主枝,各主枝向四周拉开,主枝与地面夹角在 45°左右,在主枝上直接着生结果枝组(图 5 - 4)。这种树形的特点是:成形快,骨干枝级次少,树体矮小,结果早,抗风力强,不易倒伏,管理方便,但寿命较短,适用于山区、丘陵地带或温室边行整形。

（二）整形修剪方法

苗木定植后留 20 厘米定干,分生出的新梢选 3～5 个作主枝培养,其他新梢疏除。各主枝开角至 45°～60°,当主枝生长至 90 厘米左右进行中度摘心,促发副梢,副梢或缓放或短截培养成各类结果枝组。第一年冬剪时,对主枝延长枝短截,主枝长度不足 40 厘米的枝缓放不剪。所发新梢仍作结果枝组培养,以后雷同。树冠大小视株行距确定。主枝上一般每隔 15～20 厘米配备 1 个结果枝组,主枝后部和背下可培养大、中型枝组,中部培养中、小型结果枝组,先端和背上只培养小型结果枝组。丛状整枝适用于温室边行或干性弱的中国樱桃品种。

五、圆　柱　形

圆柱形树体结构要求具有直立的中央领导干。主干高 60～80 厘米,树高 2～4 米,冠幅 2～3 米。在中心干上每隔 10～15 厘米培养 1 个结果枝组,且在中心干上轮状分布,共着生 15～25 个大、中型结果枝组,不分层次,没有主枝,成型后树高 2.4～3 米,冠径 1.5～2 米,呈圆柱形。这种树形整枝技术简单,容易掌握,适合 1.5～2 米 ×2.5～3 米的高密度栽植的果园采用。

圆柱形树体的整形方法基本同细长纺锤形,只是中心干上着生的枝条枝展较小(根据主行距确定),且上部与下部枝长度的差别较小。

第三节　樱桃修剪技术

一、夏季修剪技术

樱桃夏季修剪主要是减少新梢的无效生长,增加枝叶量,改善光照条件,调节骨干枝角度,平衡树势。总的来讲,夏季修剪减弱了树体的营养生长势,可使树体早成型、早成花、早结果。

（一）摘心

在生长季节,摘除新梢最上端的一部分,称为摘心。摘心可以延缓新梢延长生长,促进加粗生长,减少无效生长。对幼树新梢摘心可促使副梢萌发,长出更多的枝条,迅速增加枝叶量,扩大树冠,促进花芽形成。对初果期和盛果期树的新梢摘心,可起到节约营养,提高坐果率和果实品质,提高花芽形成质量,减少营养生长量的作用。

摘心分为轻度摘心、中度摘心和重度摘心。轻度摘心是只摘去顶端 5 厘米左右,摘心后一般萌发 1～2 个新梢。连续轻度摘心,且生长量在 10～20 厘米,可形成结果枝。中度摘心是在一个新梢上摘去新梢的 1/2～1/3,且摘心长度不短于 15 厘米,一般能萌发 2～4 个二次枝（图 5-5）,其效果是促进摘心部位局部的营养生长,促发分枝。重度摘心是摘去新梢的 1/2 以上,且仅留基部 10 厘米左右,也能促发 1～3 个新梢,但摘心后的新梢生长势和生长量远低于中度摘心。在 5 月上旬重度摘心能促使新梢基部的几个腋芽形成花芽。

图 5-5　中度摘心

图 5-6　扭梢

（二）扭梢

在新梢半木质化时,用手捏住新梢的中下部反向扭曲 180°角,使新梢水平或下垂,伤及木质和皮层但不折断。在 5—6 月份对背上枝、内向枝进行扭梢,能有效地削弱生长势,增加小枝数量,有利于形成花芽。樱桃扭梢部位留枝长度应在 15 厘米左右（图 5-6）。

（三）刻芽

萌芽期，在芽上方的枝上横刻一刀，深及木质部，称刻芽。刻芽有"一"字形刻芽（图5-7）和"屋脊形"刻芽两种。萌芽期刻芽，可促芽发枝。

图5-7　"一"字形刻芽

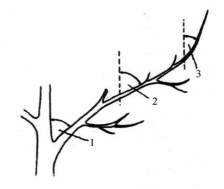

图5-8　分枝角度

1—基角；2—腰角；3—梢角

（四）开角

果树栽培学上常讲的分枝角度，指的是中心干上抽生出的侧生分枝与中心干之间的夹角。樱桃的分枝角度因品种、枝条着生部位而异。一般生长势强的品种分枝角度小，芽距剪口越近，发枝角度越小，离剪口越远发枝角度越大。樱桃树体上骨干枝的分枝角度有基角、腰角与梢角之分（图5-8）。各骨干枝与中心干之间的角度，对结果早晚、产量的高低和主枝生长势影响很大。主枝角度过小，先端延长枝生长势强，易抱头生长，树冠郁闭，形成花芽困难，早期产量极低。因此，要开张角度，缓和树势，才能有利于花芽的形成。樱桃树因果实较小，枝负载量轻，主枝角度可以比其他大果型果树大些，以利于控制树势。其主枝基角60°～80°，腰角、梢角70°～90°。

开角要早进行，一般来说，树龄小、枝条细，开角效果好。从定植当年的5月份开始至8月份，对中心干上分生的生长到20厘米左右的新梢用牙签或小竹签进行撑枝开张基角，新梢继续延长生长，梢角上抬，此时用吊枝开梢角（图5-9）。开角工作要从定植第一年开始做，效果最好。如果初夏开角工作做得不及时，在7月份一定要对主枝或侧生分枝进行拉枝,对开张基角效果较好。对于多年生大枝,可在每年春季萌芽后至新梢开始生长前这段时间进行拉枝。这一时期,各级枝条处于最软最易开角的阶段,拉枝不易劈裂。枝条较粗时,需用绳或铁丝拴住枝条 1/3～1/2 处,用旧布等物垫在着力点,以防损伤皮层,造成流胶。绳的另一端系在木楔上,木楔与地面呈 45°角插入土中固定。拉枝前,可先用手摇晃枝条的基部使之软化后再拉。同时注意调节主枝在树冠空间的方位,使各主枝或侧生分枝均匀分布。

图 5 - 9　开枝方法

二、冬季修剪技术

冬季修剪就是树体落叶进入休眠期后的修剪。樱桃枝条内木质部比较疏松,剪口易失水形成干桩而危及剪口芽,或向下干缩一段而影响枝势,有时剪口会出现流胶。所以,樱桃的冬季修剪一般在早春芽开始萌动时开始修剪,能减弱其不良影响。樱桃冬季修剪促使局部生长势增强,削弱整个树体的生长。一般修剪量越大,对局部的促进作用越大,对树体的整体削弱作用也越强。因此,提倡幼树期以夏季修剪为主,冬季修剪为辅,加强盛果期树体的冬季修剪。

(一)短截

修剪时剪截去 1 年生枝的一部分叫短截。根据剪截程度可分为轻短截、中短截、重短截和极重短截。

1. 轻短截

剪去 1 年生枝条的 1/4～1/3。可削弱顶端优势,降低成枝力,缓和外围枝条的生长势,增加短枝数量,提早结果。

2. 中短截

在 1 年生枝条中部饱满芽处短截,剪去原枝长的 1/2 左右,短截后抽生中、长枝能力较强。

3. 重短截

在1年生枝条下部次饱满芽处短截,剪截长度为枝长的2/3以上。可促发旺枝,提高营养枝和长果枝比例。在幼树整形过程中,为平衡树势时可采用重短截。

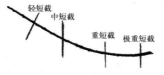

图5-10 极重短截

4. 极重短截

在枝条基部留几个芽短截。极重短截留芽较瘪,抽生的枝长势较弱。所以,可对幼旺树中干上的强旺枝条采用这种方法来削弱枝势(图5-10)。

(二)缓放

对1年生枝不修剪或仅打顶,任其自然生长,称为缓放。要缓放的枝条顶端有3～5个轮生饱满的大叶芽时,要剪去顶部轮生芽。缓放有利于缓和树势、枝势,减少长枝数量,有利于花束状短果枝的形成,是幼树和初果期树常用的修剪方法。使用时,还应因枝而异,幼龄期的树多数中庸枝和角度较大的枝缓放效果较好,直立强旺枝和竞争枝必须拉水平或下垂后再缓放。如果不处理而直接缓放,这种枝加粗很快,容易形成"霸王枝"或"背上树",扰乱树形和各类枝的从属关系,导致下部短枝衰亡,结果部位外移。各主枝延长枝在扩冠期间不宜缓放,否则,在应发枝部位抽生不出理想的骨干枝。缓放枝条时应掌握幼龄树"缓平不缓直,缓弱不缓旺"、盛果期树"缓壮不缓弱,缓外不缓内"的原则。

(三)回缩

将多年生枝剪去或锯掉一部分称回缩(图5-11)。通过回缩,对留下的枝条有加强长势,更新复壮,促进回缩部位下部枝生长势的作用。对连续结果多年的结果枝组使用回缩,可以增强结果枝组的长势,提高结果率和果品质量。为防止树冠再扩大,而对延长枝回缩,以弱换强。回缩的更新复壮作用与回缩程度、留枝质量及原枝长势有关。回缩程度重,留枝质量好,原枝长势强,更新复壮效果明显。对一些内膛、下部的多年生枝或下垂缓放多年的单轴枝组,不宜回缩过重,应先在后部

下垂枝组回缩

图5-11 回缩

选有前途的枝条短截培养,逐步回缩,待培养出较好的枝组时再回缩到位。否则,若回缩过重,因叶面积减少,一时难以恢复,极易引起枝组的加速衰亡。以一个多年生枝来说,回缩修剪后的促进作用,往往局限于剪口附近,离剪口越远,促进作用越不明显。

(四) 疏枝

把1年生枝条或多年生枝从基部去掉称疏枝。疏枝可改善冠内通风光照条件,减弱和缓和顶端优势,促进内膛中、短枝的发育,减少养分的无效消耗,促进花芽形成,平衡枝与枝之间的长势。疏枝主要是疏去树冠外围过多的1年生枝、过旺枝、轮生枝,过密的辅养枝或扰乱树形的枝条,无用的徒长枝、细弱枝、病虫枝等。樱桃树不可疏枝过多或疏除很大的枝,以免造成过多、过大的伤口而引起流胶或伤口干裂,削弱树势,甚至造成大枝或主枝死亡。

三、结果枝组培养

结果枝组是着生在骨干枝上的非永久性结果单位,其既有结果枝,也有生长枝,自成营养结果体系,相对独立。结果枝组是主要的结果部位,是通过修剪有目的培养而成的。幼树期在骨干枝的空隙保留一些枝条,占据空间,以后可以转化成大、中、小各类结果枝组。

(一) 小型结果枝组培养

当枝条所处的空间较小或在主枝上部及背上时,可培养成紧凑型的小结果枝组。

其方法是:

(1) 在生长季节进行扭梢或重度连续摘心,然后缓放。

(2) 也可在冬季极重短截后,第二年疏去强旺直立枝,缓放中、短中庸枝,可形成小型结果枝组。

(3) 对侧平生枝的新梢从5月份开始每生长15厘米左右连续轻度摘心或在冬剪时缓放,可形成小型结果枝组。

（二）大、中型结果枝组培养

培养方法是：

（1）夏季对新梢进行中度摘心，一般能萌发 3～4 个中、长枝，冬季对中、短枝缓放，疏除直立枝，壮、旺枝继续中短截。当所在的空间基本充满时，不再中度摘心和短截，对中庸枝、弱枝缓放，疏除强旺枝。

（2）在冬剪时进行中短截，一般能萌发 3～4 个中、长枝，然后对背上枝扭梢，短枝缓放，平斜生长的中庸枝生长 30 厘米左右中度摘心，第二年冬季对中、短枝缓放，对壮、旺枝继续中短截。当所在的空间基本充满时，不再中度摘心和短截，对中庸枝、弱枝缓放，疏除强旺枝。每个大、中型枝组均由若干个小型枝组组成。

第四节　不同龄期的修剪技术

一、幼龄期树的修剪技术

樱桃幼龄期一般是指从定植到开始结果，这一时期为 1～3 年。这个阶段的主要修剪任务是培养主枝，尽快完成整形工作，快速扩大树冠。幼树以夏季修剪为主，冬季修剪为辅。

（一）中心干修剪

在冬剪时，对纺锤形和圆柱形整形的中心干，在有分枝处向上留 80 厘米左右短截，剪口下的第一芽保留，抹去向下 10 厘米内的芽，留 1 个芽。然后向下每隔 7～10 厘米留 1 个芽，呈轮状分布，抹去多余的芽。在发芽期，对下部保留的 3～4 叶芽进行刻芽，或涂发枝素促进发枝。每年冬季修剪相同，夏季不剪，直至达到设计树体高度后，疏除中心干延长枝，进行开心修剪即可。小冠形整形的中心干生长到第二层或第三层高度后，夏季摘心时间要在 6 月份以前，可促发分枝，培养第二层或第三层主枝。或在冬季留 90 厘米左右短截，抹去第一芽下的 3～4 个芽，按设计要求，各层主枝配备齐全后，疏除第三层或第二层主枝上面的中心干延长枝，进行开心修剪。

中心干上的所有分枝均需在 5—6 月份或发芽期进行开角。各主枝开角至要求的角度,其他营养枝开角 70°～120°。

（二）主枝、侧枝修剪

各主枝延长枝在冬季修剪时留 40 厘米左右短截,或在 6 月份以前生长到 60 厘米左右时中度摘心。纺锤形整形的树,各主枝上一般不配备侧枝,短截（或摘心）后发出的新梢作为营养枝处理。

小冠形整形的树体,主枝摘心后发出的副梢,按要求选留第一或第二、第三侧枝,冬季修剪时主枝延长枝留枝长度也要达到 40 厘米左右,长度不够不剪（不摘心）,仅剪去枝顶端的轮生芽。当主枝长度达到 1.5 米（以行距定）后,对顶部的几个枝要疏除强旺枝,保留弱枝、中庸枝;疏去直立枝,保留平斜枝;疏除背上枝,保留背下枝;疏除外围枝,保留内膛枝,即"疏强留弱、疏直留平、疏上留下、疏外留内"。留枝缓放不断截,控制延长生长。

各侧枝生长到 50 厘米左右中度摘心,冬剪时留 30 厘米左右短截,不够长度不剪（不摘心）,仅剪去枝顶端的轮生芽。其他各枝条作营养枝处理。

（三）竞争枝修剪

一般情况下,各主枝、中心干的延长枝摘心或短截后,会发出 2～5 个枝,剪口下发出的第二或第三枝,距第一枝很近,枝条长度、生长势与剪口下第一枝相近,枝基部粗度超过着生部位母枝的 1/2 以上,它们对第一枝形成了竞争,因此称之为竞争枝。竞争枝如果不处理,会同各主枝一样生长势很强,形成双主枝或双主干。这样上部、外部主枝生长势更强,形成树冠外部郁闭,内膛不见光,主枝下部的结果枝会很快因见光少、营养少而枯死,出现下部、内膛光秃,结果晚而少的现象。对竞争枝,在夏季修剪时一定要在 4—5 月份撑枝开基角,并保留 10 厘米左右重度摘心,以减弱生长势。夏季没有处理的竞争枝,冬剪时如枝条多时要疏除,枝条少时在其基部留 1 个下芽做极重短截。

（四）营养枝修剪

树体各部位发出的枝条,除作为中心干、主枝、侧枝等骨干枝外,其他未形成花芽的枝均称为营养枝。营养枝既是树体生长发育所需营养的提供者,也是转化为结果枝的基础枝。主枝背下和侧斜生长的健壮、中庸营养枝,在其生长空间较大时留 30 厘米左右进行短截或中度摘心,发出新的营养枝后再转化为结果枝,培养成大、中型结果枝组。生长空间较小时,夏季每生长 20 厘米左右可连续轻度摘心;冬季缓放不剪,促进成花,培养成小型结果枝组;背上枝在 5 月份扭梢促进成花,或疏除。

(五) 多杈枝修剪

一般冬剪后,剪口下能萌发 3～5 个中长枝,形成所谓的"三杈枝""四杈枝""五杈枝",其他多为短枝或叶丛枝,这样就显得外围拥挤,中下部空虚。修剪时,除主枝的延长枝按要求处理外,其他的枝要疏除竞争枝、背上枝、强旺枝,保留平斜中庸枝。保留的枝作营养枝处理。

二、初果期树的修剪技术

幼树开始少量结果就表明已进入初果期,为 3～5 年生树。在此时期,若未完成整形扩冠工作,须继续对各主枝延长枝进行中短截或在生长季节进行中度摘心,继续扩大树冠,形成完整树形。已基本成型的树体于发芽期对中心干上开张角度小的枝继续进行撑枝、坠枝开角。要培养大型结果枝组,可于新梢每生长 50 厘米左右进行中度摘心,对背上枝疏除或在 5 月份生长到半木质化时扭梢。对平斜生长的侧生枝生长至 20 厘米左右时进行连续轻度摘心,促进成花。中心干上新发出的新梢都要开角至 80°左右。8 月份疏除中心干顶部生长旺盛的新梢,仅留平斜生长的枝条,控制顶部旺长。

冬季修剪时,以缓放为主。对中心干顶部着生的 1 年生枝去强留弱,仅留 1～2 个平斜生长的弱枝。对需要继续扩大的枝组的延长枝中短截,其余各延长枝去强留弱,选弱枝作延长枝头缓放;与中心干竞争的枝基部留 1 个芽后极重短截或疏除;背上直立枝疏除;其他平斜生长的枝和下垂生长的枝缓放,连续缓放 2 年后没有形成花束状果枝或形成花束状果枝少的枝条在 1 年生枝与 2 年生枝交界处回缩,能有效地促进花束状果枝形成。疏除病虫枝、背上直立枝、过密枝、强旺的 1 年生枝和影响内膛光照的枝,防止内膛郁闭。修剪时应注意轻剪、少截、多缓放;开张各级主枝和中心干上着生的侧生分枝的角度近似水平;缓放、疏枝一定要掌握"缓平不缓直、缓弱不缓强"和"疏直留平、疏强留弱"的修剪原则。

三、盛果期树的修剪技术

进入盛果期的树,株与株之间的枝多已交叉,树冠已经长成,在修剪上以冬季修剪为主,夏季修剪为辅。修剪的主要任务是调节光照和结果枝组的培养、更新、复壮,保持中庸健壮的树势。盛果期树中庸且健壮生长的指标是:外围1年生枝生长量为25厘米左右,枝条粗壮,芽体充实;大多数花束状果枝或短果枝具6~9片莲座叶片;叶片厚而大,树势均衡,无局部旺长或衰弱现象。

进入盛果初期的树,用以弱换强的方法对主枝进行换头,对外围枝少短截或不短截,适当多疏外围1年生枝及背上直立较大的枝或结果枝组,以解决株间树枝交叉和树冠外围枝的过旺生长问题。树冠达到一定高度后可在秋季落头开心,夏季一般只对影响光照的枝进行回缩或疏除。

进入盛果期中后期的树在内膛枝修剪时,要去弱留强,及时疏除过弱的小枝或小枝组。主要修剪的目标转向结果枝组的培养和精细修剪。

四、结果枝组的修剪技术

进入盛果期以后,随着树龄的增长,树势和结果枝组逐渐衰弱,特别是花束状结果枝及小型结果枝组首先衰亡,结果部位容易外移,此时在修剪上应采取回缩修剪,促使花束状果枝的顶芽发出中、长果枝,冬季短截后发展为各类结果枝组。适当缩小背上结果枝组,少量短截中下部枝组的中果枝。

对中、大型枝组要求其生长势经常保持中庸健壮,花芽充实,分枝紧凑,基部不光秃,组内分枝能够分年交替结果。生长势强而附近又有空间可发展的,可短截1年生枝延伸发展。无空间发展的,对前端过多的分枝要疏除强、弱枝,缓放中庸枝。结果能力较强时,可选用中庸枝带头。

小枝组生长势一般较弱,只要能正常结果,应减少修剪量。生长较弱的结果枝组,可在2~3年生枝段处回缩,促生中果枝,增强枝势。过多的小枝组,或生长势过弱,确无保留价值的可行疏除。

对连续缓放后形成的"鞭杆"形的长枝组,当枝轴上多年生花束状果枝和短果枝数减少,花芽变小时,在后部选较壮的枝换头,及时回缩,进行更新。如后部选不出壮枝时,可逐年回缩,使后部复壮后再回缩到位。

在进入盛果期的樱桃树上,通常短果枝和叶丛枝仅有顶芽为叶芽,其他均是花芽,中长枝中下部为花芽。所以,在短截枝条时,注意剪口芽要留叶芽,才能发出新枝,复壮枝势。

五、衰老期树的修剪技术

樱桃树进入衰老期后,树势明显衰弱,果实产量和品质下降,大量结果枝组开始死亡。此期修剪的任务是利用其潜伏芽寿命长的特点,在冬剪时,分批回缩结果枝组,使内膛或骨干枝下部萌发新枝,培养新的结果枝组,疏除病虫枝、枯死枝。对其骨干枝应尽量不疏除,可多回缩,萌发的新梢选位正者作为新的主枝培养。抹去过多的萌芽。衰老树内膛多光秃,可将内膛徒长枝培养成大型结果枝组。如果骨干枝仅上部衰弱,中部有较强的分枝时,可回缩到较强的分枝处,应注意更新枝头要比原骨干枝头角度小,也称抬角回缩。当树势过弱无恢复价值时,应考虑重建新园。

六、放任生长树的修剪技术

放任树是指栽培若干年后未按整形要求进行修剪的树,或根本就没修剪过的树。这种树一般表现为大枝和外围竞争枝多而乱,树冠内部通风透光差,内膛枝细,有的已枯死。对这类树,首先要解决树冠内部通风透光问题,对过密、大枝要有计划地逐年疏除,如果中心干过强,可在适当部位开心,然后把大枝拉成近水平状。由于大枝已很粗,不易撑开,可先在大枝基部距分枝点 20～30 厘米处用锯锯 3 刀,然后均匀用力将枝拉成所需的角度。大枝拉开后,抑制了新梢生长,有利于光合产物的积累,更主要的是解决了树冠内通风透光问题,提高了花芽质量。

经过上述处理,加以肥水管理,当年就可形成大量结果枝,2～3 年就可结果。

第五节　不同品种树的修剪

一、那翁类型品种的修剪

那翁类型品种包括那翁、红丰、水晶、晚红和晚黄等。这一类型品种幼树的修剪宜轻,适当多短截以增加枝叶量,但短截年限最多3年,以后采取缓放的方法。进入初果期以后,主要任务是培养各种结果枝组。

根据山东省烟台市的经验,那翁等品种的枝组,以鞭杆式枝组为主。通过连续的缓放稳定树势,必须形成各种类型的鞭杆式枝组。对株行距较大的树,也应适当短截部分旺枝,但数量不宜多,以免影响光照。

进入结果期以后的树,修剪量要轻,对结果枝组一般缓放不剪。对进入衰老期的树,应及时更新。需要更新的树,前一年要增施基肥,使潜伏芽萌发,多抽生枝条。更新时间以早春萌芽前后为宜,因为冬季更新后的萌芽率和成枝力都显著降低。若全园需更新时,最好选先种植3～5年其他农作物的园地,再重新栽植樱桃苗。

二、大紫类型品种的修剪

大紫类型的樱桃成枝力强,不论轻重短截都能增加枝量,所以,幼树短截要少。幼树抽条较细,角度大,在主枝短截时要适当缩短,放长以后会加快短果枝的衰亡,使结果部位很快外移。对幼树的辅养枝可以缓放修剪,然后再回缩,回缩枝条转旺后,再行短截。如果树冠空隙较大时,可多次缓放,多次回缩,以促生分枝,增加结果部位。

初结果的树,主要是培养大、中、小型结果枝组。培养大、中型结果枝组时,可选70～80厘米的旺枝,缓放1～2年后再回缩。对长度在40厘米的中等枝,多用于培养小型枝组。采用先缓放后回缩的办法培养结果枝组时,要注意缓放后不弱,回缩后不旺,保持中等长势,才能多结果。

大紫类型的樱桃,以中、长果枝结果为主。为了保持一定比例的中、长果枝,应根据长果枝的长势和形成果枝的数量,适时回缩。回缩后保留的发育枝的数量不宜过多,以免降低坐果率。但如回缩后抽枝很少或根本不抽枝,也会影响产量。所以,回缩时一定要根据树势、肥水条件和枝条的着生部位,做到回缩不旺、缓放不弱。

三、紫樱桃类型品种的修剪

这类樱桃的主要品种有鸡心、短把紫和琉璃泡等。它的生长特点为成枝力弱,枝量少,树体矮,树冠小,以花束状短果枝结果为主,短果枝较少,中、长果枝极少。

结果枝有自然分枝能力,结果后易形成短果枝群。

　　幼树期间,因其成枝力弱,发育枝要短截,细弱枝要重短截,而且短截的数量要多,短截的年限要长,一般为3年。3年以后边短截边缓放,以增加枝量和结果部位。夏季摘心会减弱发育枝抽枝能力和抽枝数量,甚至形成小老树,所以,一般不进行夏季修剪。

　　初结果期的树,主要培养结果枝组。无论培养什么样的枝组,都要根据树势、枝势来决定,或先缓放后短截,或先短截后缓放。

小贴示

甜樱桃整形修剪的注意事项

　　(1)甜樱桃的树杈易劈裂,夹角小的枝不宜做主枝,角度小的应及早疏除。

　　(2)冬季修剪时疏除大枝的伤口不易愈合,且易流胶。宜在生长季节或采收后疏除,愈合快,且不流胶。疏除时伤口要平,不留桩。最忌留"朝天疤"伤口,这种伤口不易愈合,容易造成木质腐烂。

　　(3)甜樱桃树不宜采用环剥技术,环剥后易流胶和折断。

　　(4)甜樱桃长枝上往往出现3～5个轮生枝,应在其发生当年的休眠期疏除,最多保留2～3个。过晚疏除伤口大,易流胶,对生长不利。

　　(5)冬季修剪虽然在整个休眠期内都可进行,但越晚越好,一般接近芽萌动时修剪为宜。修剪早了,因为樱桃枝干的木质部导管比较粗,组织松软,剪口容易失水形成干桩管及剪口芽,或向下干缩一段影响枝势。

　　(6)幼龄树生长势强,萌芽力和成枝力都高,随着年龄的增长,下部枝条开张,表现出极性和萌芽力都很强,而成枝力变弱,短截后只在剪口下形成3～5个枝,其余的萌芽均变成短枝。因此,幼龄树应适当轻剪,以夏剪为主,促控结合,抑前促后,达到快速扩大树冠、缓和极性、促发短枝、尽早结果的目的。

　　(7)樱桃的芽具有早熟性,在生长季节多次摘心,可促发2次枝和3次枝。夏季摘心后剪口下只发1～2个中长枝,下部萌发多形成短枝。因此,在整形修剪上,要利用芽的早熟性对旺树旺枝多次摘心,扩大树冠。也可以利用夏季重摘心,控制树冠,培养结果枝组。

（8）樱桃的花芽是侧生纯花芽，顶芽是叶芽。花芽开花结果后形成盲节，不再萌发。修剪结果枝时，剪口芽不能留在花芽上，应留在花芽段以上2～3个叶芽上。否则，剪截后留下的部分结果以后会死亡，变成干桩，前方形成无芽枝段，影响枝组的果实发育。

（9）甜樱桃喜光，极性又强，在整形修剪时若短截外围枝过多，就会造成外围枝量过大，枝条密挤，上强下弱，内膛小枝和结果枝组容易衰弱枯死。进入结果期后，要注意外围枝量的多少，改善树冠内光照条件，提高树冠内枝的质量。

（10）树体枝干受伤后，容易受到病菌侵染，导致流胶或发病。因此，在田间管理上，特别小心不要损伤树体和枝干。修剪时尽量减少大伤口。

（11）当前生产上樱桃修剪中存在的问题：

① 幼树整形上普遍存在着短截过多，短截的年限也较长，大枝多，以至于造成枝条密挤，光照条件不良，树形紊乱。

② 结果树在修剪中不分品种，一律回缩短截。

③ 不分树势强弱，采用一个办法修剪。

④ 不分生长季节，不注意年龄阶段，采用相同的修剪方法。

对幼树除按整形要求对主枝延长枝进行适度短截，促发新梢扩大树冠外，其他中、短枝尽量不动，以利于既长树又提早结果。从长远利益考虑，幼树主要是培养树形，为将来丰收打下基础。在培养树形的基础上，培养结果枝组。那翁品种注意培养鞭杆式枝组，不宜短截。大紫品种注意培养有枝轴的结果枝组，不宜缓放培养鞭杆式枝组。

第六章　花果促控及树体保护技术

第一节　樱桃花果促控技术

一、幼龄树促花技术

（一）利用修剪技术促花

定植后第二年至进入盛果期以前，在不影响整形的前提下，要充分利用修剪技术促花。其修剪技术如下：

（1）以夏季修剪为主，以冬季修剪为辅。

（2）开张各级主枝和中心干上着生的侧生分枝的角度近似水平。最好在枝条幼嫩时开角。

（3）夏季对非骨干性的侧生、平斜生长的新梢，待生长 20 厘米左右时进行连续轻度摘心；对背上枝在 5 月中旬以前进行摘梢，促进 1 年生枝成花。

（4）冬剪时，对平斜生长的非骨干性、中庸枝轻剪、少疏、多缓放，促进花束状果枝和短果枝的形成。

（5）对生长旺盛的，2 年生以上的非骨干枝，在 4—5 月份进行绞缢或环剥，促进该枝花芽形成。

（二）调控肥水促花

进入初果期的樱桃树，营养生长仍然比较旺盛，在肥水管理上要实施与控制相结合，促进树体由营养生长向生殖生长过渡。

1. 施肥

初果期树以施用有机肥料为主，生长季节追肥要做好配方施肥，花前适量追施氮肥；新梢开始生长后，不要过多地追施氮肥，适量加入树体需要的硼等各种微量元素肥料。

2. 浇水

初果期土壤的水分能保证树体正常生长即可，不要大量浇水，防止引起树体长势过旺。特别是在4—6月份，正是新梢旺盛生长期，也是花芽形成期，此期树体旺长，即1年生枝生长量过大，影响花束状果枝的形成，也减少中短果枝的数量。

（三）应用植物生长调节剂促花

1. PBO 促花

PBO是20世纪末研制成功的多功能新型果树促控剂。它解决了单一制剂使用上的拮抗反应和副作用大的问题，对樱桃幼树促花作用较为明显。使用方法如下：

（1）土施撒施　在新梢生长15厘米左右或在7—8月份，可用PBO与化肥或土掺匀，均匀地撒在树冠下，然后浅锄；或在树冠下耧5～8条辐射状施肥沟，然后均匀撒施、埋土。施肥后要浇水。其使用量按树冠投影面积计算，每平方米施1.5～2克。

（2）叶面喷施　树叶的正反面都要喷到，喷液要均匀。对于3～4年生幼树，每年4—8月份叶面喷施2～3次，浓度为80～100倍液；对于5～7年生树，落花后和采果后各喷1次，浓度为150～200倍液。

2. 多效唑促花

多效唑是一种植物生长延缓剂，它不抑制茎尖部分的生长，而对茎部亚顶端分生区的细胞分裂和伸长有抑制作用。因此，它能抑制顶端优势，缩短节间，促进幼树形成花芽，提早结果和提高产量。其效应可被赤霉素逆转。在樱桃上使用多效唑对果实的品质没有大的影响，但枝条生长对多效唑比较敏感，不同的浓度可以不同程度地抑制枝条的生长，控制树冠大小，减少修剪量。多效唑可促使开花期提前，树体提早落叶。在樱桃上使用多效唑时，应根据树龄、树势、树冠及综合条件进行使用，生长势弱的、流胶病和根腐病严重的树体不能施用。通用剂型为15%可湿性粉剂。

其使用方法：

（1）土施方法　与PBO相同。土施剂量以1N1.5克/平方米（树冠投影面积）处理，当年就有明显抑制作用；按0.25～0.5克/平方米处理的第二年见效。樱桃在土施情况下有效期在2年以上。

（2）叶面喷施　施用效果随施用浓度的增加而提高。在新梢生长至15厘米左右时开始至6月初叶面喷布；3～4年生幼旺树体每年4—7月份用200倍液喷布2次，间隔20～30天；5年生以上的树体一般只在每年7—8月份叶面喷布1次，多效唑浓度为 250～300 倍液。

在樱桃上，如果使用的浓度过高，抑制作用过头会引起叶片皱缩，新梢停止生长或在秋季抽生出较长的旺枝，形成的花芽质量差，果个小，严重时引起根系死亡。尤其是土施方法抑制作用时间长，有时能长达 3～4 年，使树体发不出枝条，树势衰弱，反而影响了产量。遇到上述情况，可在生长季节通过喷布赤霉素进行缓解补救。叶面喷施多效唑一般当年抑制效果强，第二年只有较轻的抑制作用，不影响树冠的扩大和发枝量。

二、花果保护技术

樱桃在初果期时，树体由于花器发育不良，坐果率较低。有些樱桃品种自花不结实或自花结实率很低，花期辅助授粉很有必要，可采用放蜂与人工授粉相结合的方式，提高坐果率。

（一）提高樱桃坐果率技术

1. 花期放蜂提高坐果率

（1）释放壁蜂　角额壁蜂（小豆蜂）是访花授粉中应用最多的一种壁蜂，气温 12 ℃ 开始活动，适应性强，访花频率高，繁殖和释放方便。冬季和早春，将壁蜂茧放在 1～5 ℃ 的冰箱内保存。在樱桃开花前 1 周从冰箱内取出蜂茧放入纸箱内，置于果园中较开阔的地方，放蜂后 5 天左右为出蜂高峰期，要保证壁蜂的活动期与樱桃花期一致。一般每 667 平方米放蜂量为 150～200 头。放蜂前 10 天内果园中要停止使用农药，并将配药的缸（池）盖好，以防止蜂中毒。

（2）释放蜜蜂　蜜蜂在气温为 15 ℃ 时开始活动，在花开 10% 左右时，将蜜蜂蜂箱置于果园中较开阔的地方，以利于蜜蜂出入。

2. 人工授粉提高坐果率

人工授粉速度慢，但效果好。授粉时，把盛装花粉的小瓶拴上细绳挂在脖子上，用带橡皮头的铅笔或毛笔作为授粉工具，蘸上花粉轻轻抹在雌蕊柱头上即可。也可用鸡毛掸或毛刷在授粉品种和主栽品种树的花朵上轻扫。樱桃柱头接受花粉的能力只有 4～5 天。因此，人工授粉愈早愈好。花开 30% 时开始授粉，在早上 8 时以后，没有露水时即可进行，在 3～4 天内授粉 2～3 遍。

3. 其他提高坐果率措施

在花开 25% 左右时，向树体喷布 0.23% 尿素 + 0.3% 硼砂 + 磷酸二氢钾 600 倍液，可显著提高坐果率。在盛花期前后喷布（30~50）× 10^{-6} 赤霉素有助于授粉受精，提高坐果率。健康树体于盛花期在较大的枝基部进行双道环割，也能显著提高坐果率。

（二）花期及果期防寒技术

樱桃花期较早，往往遭遇早春晚霜的危害。樱桃的花蕾抗低温的临界温度为 −1.7℃，果期临界温度为 −1.1℃，低于这个温度，花、果就会受到冻害。在花期必须注意天气预报，及时预防，以减轻低温及霜冻的危害。

防寒措施具体如下：

（1）建园时，选择霜冻轻的地块，选择花蕾耐低温品种和选择自花结实的品种。

（2）花前浇水。在早春发芽至开花前进行果园灌水，可推迟花期 3~5 天。

（3）霜前喷水。花期一定要注意天气变化，轻微霜冻可在降霜前 1~2 小时进行果园喷水，靠水分凝结散热，提高园内小气候的温度。

（4）熏烟。在遇到 −2℃ 以上的霜冻时，可在接近降霜时间（凌晨 3 时左右）开始熏烟防霜，持续到太阳出来为止。可用锯末、碎柴草等在夜间 12 时左右点燃，注意控制火势，以暗火浓烟为宜。一般每 667 平方米不少于 3~4 个燃烟点。

（5）喷施防护剂。在大花蕾期和果期可喷洒天达 −2 116、鱼蛋白防冻液、云大 120、复硝酸钠（爱多收）和果树花芽防护剂等防护剂，对抵御霜冻有一定作用。

（6）生火炉升温。在樱桃花期，如果温度降到 −5℃ 以下时，上述防低温方法效果很小，使用火炉防冻效果很好。其方法是：在每株树冠下放置 1~2 个耐火炉芯，每个炉芯内配易燃煤球 3~4 块，当温度降到 1℃ 左右时，开始点火升温。点燃火炉的数量应视降温情况而定。如果降温量大、又有风，可在果园外边迎风面围上彩条布，在彩条布外点燃几堆大火，阻挡冷空气进入果园，可抵御 −7℃ 低温。

三、提高优质果品率技术

（一）防止裂果

露地栽培的樱桃在果实开始着色时，遇到降雨或过量浇水容易裂果，严重影响果实品质和收益。因此,避雨栽培是提高果实品质、增产、增收的重要措施。

防止和减少裂果的措施如下:

(1)在果实发育到硬核期至着色期间,适量多浇水,开始着色后少浇水,可减少裂果。

(2)在果实生长期喷0.5%硝酸钙2～3次,可减少裂果。

(3)搭防雨棚,覆盖时间在接近果实着色期开始。防雨棚一般顺树行搭建,沿树行立中柱,中柱地面以上高度应高出树高50厘米左右,在中柱上方2/3处固定一横杆,横杆的长度略长于树体宽度(冠幅),形成十字架形,沿十字架上方的3个顶点做弓形,使上方形成拱形棚面,同一树行的若干个十字架分别沿3个顶点用拉丝连接。在果实成熟期,降雨时覆盖透光率高的塑料薄膜,棚面与树冠上部枝条之间要有一定的空间,棚边横梁以下部位不覆膜。塑料薄膜固定在十字架两边的拉丝上。十字架可以采用木杆制作,也可以用直径为4～6厘米的镀锌钢管制作。

(二)防止鸟害

鸟害是樱桃果实成熟期的一大危害。果实着色后,在果园上方架设防鸟网的方法简单易行,投资很少。防鸟网可购买塑料网布,网格以鸟类不能通过为宜。网宽与行距同宽,网长与果园行长相同。当长度、宽度不够时,也可以连接。设防鸟网时,在果园中沿行间每隔5～6米埋设1根比树冠稍高的立杆(竹竿、长木杆等),把网张挂在树冠上面,网边固定在立杆上端即可。防鸟网每年使用时间短,可连续多年使用。

(三)疏花疏果

樱桃进入盛果期后,花芽量极大,树势减弱,必须进行疏花疏果,使树体合理负重,平衡树势,改善保留花果的营养供应,以有利于提高果实品质。

1. 疏花

疏花可从萌芽期开始进行。春季芽体膨大后能明显地分辨出花芽与叶芽,这时可根据花芽量的多少进行疏花。剪去下垂、细弱花枝;回缩连续多年结果的花束状结果枝;在花蕾期疏除发育差的小花蕾和畸形花蕾;花开后,疏去双子房的畸形花、弱质花和晚开的花。每个花序上可保留1～2朵花。

2. 疏果

一般在生理落果结束后,疏去小果、畸形果、伤果和细弱枝上过多的果实。疏果时注意控制产量,每 667 平方米产量要控制在 1 500～2 000 千克,才有利于提高果实品质。如果产量过高,则果实小,色、味较差;而产量过低,影响总体效益。

(四) 其他措施

1. 适量摘叶

樱桃叶片肥大,绝大部分果实被遮盖在叶片下面,不易见光。在果实着色期,适量摘叶,能增加果实见光量,促进果实着色。但摘叶也不能过多,以免影响树体生长和第二年花芽的质量。

2. 增加光照

果实着色期,在树冠下铺设银色反光膜,以增加树冠下部和内膛果实的光照度。

3. 果实膨大期适量浇水

适量浇水,使土壤含水量保持在土壤最大持水量的 70%～80%,避免土壤干旱,促进果实发育,增加单果重。

4. 增施有机肥料

多施有机肥料,使土壤有机质含量达到 10% 以上,是提高产量和品质的根本保证。

5. 摘心

在果实膨大期,当新梢长至 20 厘米左右时,对新梢摘心,控制营养生长。

6. 增施钾、钙肥

开花前追施钾肥,果实发育期叶面喷施钙肥,可有效地提高果实固形物含量。

7. 病虫害防治

着重防治樱桃果蝇、叶蜂及果腐病。樱桃果实病害大多在果实膨大期开始侵染,待果实成熟时发病。所以,搞好前期果实的病虫害防治十分重要。

8. 施用微肥

在果实发育期喷施 3～4 次的高美施 400 倍液,或叶面宝 800 倍液,或丰宝灵 200 倍液,或绿丰收 800 倍液,或绿丰 95 1 000 倍液,或 10×10^{-6} 赤霉素溶液,对增大果个、提高固形物含量和着色度效果显著。

9. 整形修剪

搞好整形修剪,防止树冠或果园郁闭,改善行间和树冠的内膛通风、透光条件。

第二节 樱桃树体保护技术

一、防止樱桃幼树抽条

樱桃幼树越冬后枝条自上而下出现干枯,称"抽条"。抽条严重的植株地上部分全部枯死,比较轻的1年生枝条枯死或多半枯死。抽条的幼树根系一般不死,能从基部萌出新枝。由于根系发达,长出新枝比较旺盛,第二年冬季还会抽条,形成连年抽条,严重影响甜樱桃的生长和结果。这种现象在华北、西北地区经常出现。

(一)樱桃抽条的原因

樱桃抽条一般发生在温度回升后的冬末春初,尤以早春最为严重,并非发生在冬季最冷的时间。在发生抽条的地区,早春白天气温回升较高,且风大空气干燥,地上部分的枝条蒸发水分增多。而此时夜晚温度较低,土壤并未解冻,幼树的根系很浅,大多处于冻土层,还没有恢复生长,不能吸收足够的水分来补充枝条的失水,就形成明显的水分失调,入不敷出,引起枝条生理干旱,从而使枝条由上而下缩水而干枯。所以抽条的原因是树体发生生理干旱,而不是低温造成的冻害。华北地区防止抽条要进行2~3年。

(二)防止樱桃抽条的措施

1. 控制旺长

幼树生长到6月份以后,不要摘心,控制副梢发生,到9月份轻度摘心,使枝条加粗生长。夏末以后不施氮肥,多施磷、钾肥,9月份施基肥。加强秋季病虫害防治,防止早期落叶。在落叶前1周叶面喷施6%尿素溶液,增强枝条营养积累,提高抗逆性。

2. 涂抹、喷布防冻剂

12月份可以在树体、枝条上涂抹保护剂防止抽条,保护剂种类主要有白色凡士林、动物油脂与甲基纤维素等。涂抹保护剂时,可以戴上手套,将油涂在手套中间,然后抓住枝条自下而上涂抹。要求涂抹均匀而薄,在芽上不能堆积防护剂。

在抽条严重的地区,4年生以上的大树也会出现抽条,可在冬前11月份及第二年早春 2—3 月份喷 5 倍石蜡乳化液，或羧甲基纤维素 150 倍液等保护剂 2～3 次，以封闭枝条气孔，减少水分散失，预防抽条。

3. 缠塑料条

在冬季落叶后，用塑料条将全树所有的枝条包裹。塑料条可选用地膜，先将地膜卷成小卷，用剪枝剪剪成宽约 5 厘米的小段。缠绕时先从主干开始包裹，一圈压一圈地裹紧，塑料条的末端要扎紧，包严缠实不露树皮，每个小枝分开缠裹，不可多个小枝合并缠裹。到春季芽萌动时，将塑料条解开。

4. 围埂挡风

在幼树的西北方，距离根部 50 厘米处，堆围高 50 厘米左右的半圆形挡风埂挡西北风，减少风害；同时，根系附近形成了一个背风向阳的小气候，可使土壤解冻较早。如果挡风埂和地膜覆盖相结合，则防止抽条效果更好。此方法适宜在抽条轻微的地区应用。

5. 浇封冻水

11 月中下旬土壤上冻前全园漫灌 1 次，灌水后及时松土保墒、覆盖地膜。

6. 地膜覆盖

浇封冻水、中耕后，在幼树的两边各铺一块宽约 1 米的地膜，四周用土压住即可。不要在地膜上再压土，防止影响阳光直射到土壤上。

二、防止樱桃冻害

樱桃冻害是指因气温下降到树体抗冻临界温度以下，而导致根系、树干、枝条、花芽与叶片等组织的细胞因受到冰冻而伤害或死亡，进而造成树体的一部分或全株死亡的现象。中国樱桃和甜樱桃树体冻害的临界低温是 −20 ℃ 左右，在 −20 ℃ 时即会因发生大枝冻裂而流胶，−25 ℃ 时发生大量死树。树体冻害多发生在北方地区。花期、幼果期冻害在所有的樱桃栽培区经常发生。樱桃容易受冻部位是根茎、树干、皮层、枝条、花芽和幼果。树体和枝条受冻症状是韧皮部褐变、树皮纵裂、腐烂和干枯死亡；花芽受冻严重时，全部花芽干枯死亡或内部变褐、鳞片基部变褐，有时花原基受冻或部分花原基受冻，子房和柱头变黑；叶和幼果受冻后色变深、萎蔫，然后干枯；根系冻害外部表现为皮层变褐色，皮层与木质部分离甚至完全脱落。

（一）预防樱桃冻害

1．选择抗寒品种和砧木

选择适合本地生长的品种。花期霜冻严重的地区选择晚开花的品种和花耐低温的品种。冬季非常寒冷的吉林地区可选择耐旱性强的毛樱桃，华北地区栽培甜樱桃可选择抗寒砧木山樱桃等。

2．选地建园

选择地势较高、排水良好、风力小和土层厚的地方栽植果树。

3．建立防护林

在果园的迎风面营造防护林，建防风墙，降低风速，提高园内温度。

4．加强生长期管理

加强病虫害防治，防止早期落叶；加强肥水管理，防止贪青旺长。提高树体自身抵抗能力。

5．树干涂白

涂白前刮除老翘皮，把树体中下部 1 米以上的主干和主枝基部 0.3 米进行全部涂白，特别是枝权部位。涂白不但可以防冻，对枝干各类腐烂类及部分虫害也有防治作用。涂白剂可用生石灰 10 份、石硫合剂原液 1 份、食盐 1 份、水 20 份，加入少量的黏土和食用油（作用是避免雨水淋刷）调制而成。配制时，用少量水先把食盐和生石灰化开后，再加入其他配料搅拌均匀即可。

6．稻草包扎

大冻来临前，用稻草绳缠绕主干、主枝，或用稻草、塑料薄膜捆扎包裹主干。

7．根盘覆盖与培土

用地膜、作物秸秆或杂草将果树整个根盘盖住，可提高根茎周围的温度、湿度。也可对根茎周围进行培土，深度以 5～10 厘米为宜。初春后再把土挖掉，这样可使根系特别是根茎不被冻伤。

8．冻前灌水或冻时喷水防寒

封冻前，土壤"夜冻昼化"时对果树灌水或在冻害将发生时喷水，使地温保持相对稳定，从而减轻冻害。注意灌水要灌透，才能达到防冻效果。

9．喷布防冻液

在冬季冻害较轻的地区，或春季易出现霜冻的地区，在发芽期、花蕾期、幼果期发生冻害前喷布天达-2116 1 000 倍液，或 5 倍石蜡乳化液，或羧甲基纤维素 150 倍液，或果树花果防冻剂。

（二）冻后及时补救

发生冻害，要及时补救。

具体措施主要有以下几个方面：

（1）发生冻害后，不要进行冬季修剪，第二年春天发芽后，根据受冻情况修剪，轻剪长放，合理回缩，少留花芽，减少负载量。严重冻伤，根部失去活力的果树应及时挖掉补植。

（2）春天及时及早追施尿素，发芽后进行叶面喷施尿素，促使树体尽早恢复树势。

（3）及时防治病虫害。冻后果树树体衰弱，抵抗力差，到夏、秋季易引发腐烂病、干腐病等，要用药剂涂抹伤口进行消毒，以防止病害发生。早春及时喷石硫合剂，消灭病菌。

（4）早春解冻后要中耕松土，提高土壤温度、湿度，改善土壤透气性。花前花后多施肥料，追施果树专用肥等复合肥料，以恢复树势。新叶展开时，用 0.2% 磷酸二氢钾溶液或 0.3% 尿素溶液根外追肥 2～3 次。根系冻伤后，吸收微量元素能力差，容易出现缺锌、锰、硼等症状，应进行叶面施肥予以补充。

（5）保花保果。对因花芽受冻而花量减少的果树要采取保花、保果措施，尽量提高坐果率。

三、树体伤口的保护

（一）规范操作，避免造成伤口

在樱桃园的管理过程中，往往因修剪枝干，防治病虫危害或农事操作给树体造成一些伤口。樱桃树体上的伤口愈合速度较慢，这些伤口不仅削弱树势，而且容易发生流胶现象，严重时出现溃疡，对树的生长、结果极为不利，且伤口越大对树体的不利影响越重。因此，在果园管理、采果等过程中，应尽量避免给树体造成伤口；在修剪时，要少疏大枝；拉枝时防止劈裂；在土壤中耕时，应浅锄，切忌伤大根；加强对天牛等枝干害虫及枝干病害的防治。

为了避免伤口感染病害，有利于伤口的愈合，必须用锋利的削枝刀把伤口四周的皮层和木质部削平，再用5～10波美度的石硫合剂或1%～2%硫酸铜液进行消毒，然后涂抹伤口保护剂。

（二）伤口涂药，促进愈合

1. 液体接蜡

用松香6份、动物油2份、酒精2份、松节油1份配制。先把松香和动物油同时加温化开，搅匀后离火降温，再慢慢地加入酒精、松节油，搅匀装瓶密封备用。

2. 松香清油合剂

用松香1份、清油（酚醛清漆）1份配制。先把清油加热至沸，再将松香粉加入拌匀即可。冬季使用应酌情多加清油，热天可适量多加松香。

3. 豆油铜素剂

用豆油、硫酸铜、熟石灰各1份配制。先把硫酸铜、熟石灰研成细粉，然后把豆油倒入锅内煮沸，再把硫酸铜、熟石灰细粉加入油中，充分搅拌，冷却后即可使用。

4. 白铅油、桐油合剂

用桐油3份、白铅油1份混合均匀搅拌即可使用。

四、其他自然灾害的预防

（一）风害的预防

樱桃根系分布层比较浅，抗风能力较弱，遇大风时树体易倒伏或枝干劈裂；樱桃叶片大，遇大风易被刮破；有些樱桃果柄较长，遇大风果实随风摆动易伤果或造成落果。所以，在建樱桃果园时应注意防护林的营造，或架设挡风屏障；在大风多的地区可选用低干、矮冠的抗风树形和根系发达的砧木；同时采用在树干基部培土和立支柱的办法预防风害。

（二）日灼的预防

在我国中部地区，夏季的中午易出现38℃以上的高温，这时沙质土壤地表的温度可达 50 ℃以上,樱桃树叶表现出反卷现象。此时可以采用行间间作、种草、盖草等方法覆盖地面,可降低果园内的地表温度和气温。而在云南等高海拔地区,空气洁净,光照度高,紫外线强,果实在青果期易被太阳晒伤;在接近果实成熟期,易出现鸟果。在这些地区可适当遮阴,避免高强度日照的危害。

（三）涝灾的预防

樱桃根系分布层比较浅,呼吸强度大,表现出较低的抗旱性和耐涝性。在生产中,一定要设立较好的排灌系统,干旱时及时浇水,宜少量多次;在雨季及时排水,防止涝灾。在较黏土质的果园进行高畦种植,使植株生长在畦背上,行间的垄沟既可浇水,又可排涝。

小贴示

雨后大樱桃管理需要注意的问题

大樱桃雨后管理尤为重要,具体来说,要注意以下几个方面:

（1）大雨过后一般新梢会迅速生长,一定要及时摘心,控制枝条旺长,保证果实生长需要的养分。

（2）叶面喷肥,叶面喷 800 倍泰宝(腐殖酸类含钛等多种微量元素的叶面肥)或者爱吉富海藻肥(海藻提取物)1 000 倍液。不仅增大果个,提高可溶性固形物含量,而且果色鲜艳、光亮。

（3）地面追肥,抓住雨后地面墒情较好的有利时机,迅速补充无机肥或微量元素肥料,根系能迅速吸收。具体方法是每亩追施 15 千克复合肥或撒施三宝或冲王等冲施肥

（4）果园生草或自然生草,雨后不要除草。果园常年有草,可以增加土壤有机质,也能给根系创造良好的生长环境,还能抗涝。

新型大樱桃避雨防霜设施

大樱桃成熟前遇雨裂果问题比较普遍,有的年份很严重,搭建避雨设施是防止大樱桃裂果的最有效途径。

1. 四线拉帘式简易避雨防霜设施

主要材料包括钢管、钢绞线、防雨绸、钢丝等。以钢管作防雨棚骨架,钢绞线作棚架之间连接衬托,防雨绸作覆盖物,以钢丝作为托线和压线。

每两行树搭建一个防雨棚,在行间每隔 15 米左右设一根中间立柱,地下埋 50～60 厘米。棚的高度依树高而定,一般棚顶离树体 0.8～1 米的空间,中间立柱两边隔 4 米左右各立一根立柱,高度较中间立柱低 1～1.2 米,形成一定坡度,防止雨天积水,三根立柱用钢管进行焊接、加固。用钢绞线作骨架的连接,中间立柱拉 2 根钢绞线,相隔 20 厘米,两边立柱各拉 1 根钢绞线,在中间立柱和两边立柱之间的连接钢管上,每隔 30 厘米左右按照一上一下的顺序焊接螺丝帽,然后通过螺丝帽拉钢丝作为托绳和压绳,拉绳和托绳上下间隔排列,防雨绸在拉线和托线之间,防雨绸两边有挂扣,直接挂在钢绞线上,可以自由拉动。晴天时可以将防雨绸收紧,绑在立柱上,雨天将防雨绸拉开即可。

建造成本 8 000 元/667 平方米左右。其中,钢管 2 000～3 000 元;防雨绸 3 000～3 500 元;安全扣、钢绞线、滑竿螺丝等 1 500～2 000 元。为降低成本,也可用圆木或水泥柱作为防雨棚骨架。这种棚型结构牢固,操作方便,省工省力,平地、山地果园均可采用,且适用于面积较小的果园。

2. 聚乙烯篷布避雨防霜设施

主要材料包括圆木、钢绞线、钢丝和聚乙烯篷布。以圆木作为避雨棚骨架,钢绞线作棚架之间连接衬托,聚乙烯篷布(透光率约为 80%)作覆盖物。

每行树建一个避雨棚,在行向上每隔 8 米左右设一根立柱,地下埋 50 厘米左右,棚高依树高而定,一般棚顶离树体 0.8 米左右的空间;用钢绞线作立柱的连接,立柱上拉 1 根钢绞线,行向两端的立柱用斜顶杆加固,再用地锚拉紧、固定。垂直行向的方向上,在距立柱顶端 1 米左右拉横向钢丝进行加固,四周距立柱顶端 1 米左右用钢绞线连接,整个防雨设施成为一个整体,四周的立柱用斜顶杆支撑,地锚加固。行向立柱两边隔 1.6 米左右(栽植行距为 4 米)在钢绞线上分别拉一根钢丝,高度较中间立柱低 1.0 米左右,钢丝两端固定在立柱的地锚上。然后覆盖聚乙烯篷布,聚乙烯篷布中间及两边均有挂扣,直接挂在钢绞线和钢丝上,形成一个坡度,防止雨天积水。整个果实生长季将聚乙烯篷布拉开覆盖，两端固定好，到果实采收后，将篷布收起存放，篷布可用 3～4 年。这种避雨防霜棚建造成本约 4 000 元/667 平方米。其中，圆木支架约 1 500 元，聚乙烯篷布和安全扣 1 500 元，钢绞线、钢丝、滑竿螺丝等辅料 1 000 元左右。

建造时可就地取材，圆木、水泥柱、钢管均可作为避雨棚骨架。一般在开花前覆盖聚乙烯篷布，果实成熟后揭开，既可起到防霜的效果，又能有效解决大樱桃裂果问题。该棚型造价低廉，结构牢固，操作省工省力，适宜平地、较大面积的果园采用。

3. 连栋塑料固定式避雨防霜设施

主要材料包括水泥柱、竹竿、钢绞线和塑料薄膜。以水泥柱作为避雨棚骨架，竹竿作棚架之间连接衬托，塑料薄膜作覆盖物。

一般每两行树建一个拱，在行向每隔 4 米设一根中间立柱，地下埋 50～60 厘米，棚的高度根据树高确定，一般棚顶离树体 1 米左右的空间，中间立柱两边隔 4 米左右各立一根立柱，高度较中间立柱低 0.8～1 米，形成一个坡度；然后用竹竿连接，每隔 1 米左右一根竹竿，上面覆盖塑料薄膜、固定，每隔 15～20 米，留一个 20 厘米左右的通风口，作为减压阀减轻风压。一般在花期前覆盖塑料薄膜，到果实成熟后揭开，可以起到防霜冻、防裂果的作用。建造成本6 000 元/667 平方米左右，平地、山地果园均可采用，且适用于较大面积的果园。

第七章　病虫害综合防治技术

第一节　病虫害综合防治原则及措施

一、综合防治原则

樱桃病虫害综合防治技术要求遵循预防重于治理,以栽培防治为主、化学防治为辅,看准时机采用生物与物理机械防治的相结合原则。从樱桃园生态体系的整体出发,因时、因地、因种类制宜,把农业的、生物的、物理机械的与化学的等方法有机协调应用,使各种方法既不矛盾,又能相互增效,使病虫害得到有效控制。

二、综合防治基本措施

(一)农业防治

农业防治就是综合运用农业生产技术措施,使树体健壮生长,提高自身的免疫力和抵抗不利环境的能力,从而减轻病虫害的侵害程度。

其主要内容包括以下 6 个方面:

(1)合理整形修剪,合理密植,减少冠内弱光区,改善通风透光条件,减少病菌、害虫滋生条件。

(2)合理施肥,保证树体生长所需的平衡营养供给。

(3)合理耕作,行间不间作高秆和深根性作物,不间作与樱桃生长争肥水的作物,不间作会成为樱桃主要病虫害寄主的作物。

(4)合理排灌,不旱不淹,使树体根系健康。

(5)树体合理负载,避免过高产量,保持中庸健壮的树势。

(6)采用各种设施栽培,减少低温等自然灾害的危害。

（二）人工防治

主要有以下 4 种方法：

（1）及时清理果园中的杂草、病虫叶、病虫果、病虫枝条，减少病源。

（2）刮除老翘皮，树干涂白。

（3）人工摘取害虫卵块、虫叶、虫梢，捕捉幼虫等集中销毁。

（4）人工刮除腐烂病、干腐病病斑。

（三）物理防治

是指利用温、光、声等物理的手段进行病虫害防治的方法措施。例如，利用一些害虫的趋光性进行黑光灯诱杀；蛾、蝶害虫的成虫对糖醋液、酒糟等有趋向性，利用此特点在果园内悬挂用容器盛装的糖醋液等，引诱此类成虫取食进行毒杀。

（四）生物防治

1. 以虫治虫

是指以昆虫的天敌消灭或抑制害虫方法。天敌按取食的方式分为两大类，即捕食性天敌和寄生性天敌。捕食性天敌目前主要有利用瓢虫防治蚜虫和介壳虫；利用草晴蛉防治蚜虫和粉虱；利用捕食螨防治有害叶螨；利用对有机磷农药有抗性的捕食螨控制有害叶螨等手段。寄生性天敌主要是指寄生蜂和寄生蝇，寄生蜂以卵产在其他害虫的卵内，孵化后的寄生蜂幼虫取食寄主卵内物质，在害虫卵内发育为成虫，咬破卵壳而出再行寄生。

2. 以菌治虫

以菌治虫利用有益微生物或其代谢产物防治病虫害。利用真菌、细菌、放线菌、病毒和线虫等有益生物或其代谢产物防治果树病虫害，具有易于生产、残效长、成本低与无公害等特点。目前，在果园应用的主要有苏云金杆菌、青虫菌等，用于防治桃小食心虫初孵幼虫、苹果舟形毛虫、金纹细蛾、苹小卷叶蛾和刺蛾等。

利用微生物间拮抗作用，或利用微生物生命活动过程中产生的一种物质去抑制其他的有害微生物的生长，甚至杀灭。如农抗 120 是一种链霉菌的代谢产物，对多种作物的真菌病害有明显的防治效果。对腐烂病防治效果极好。

3. 利用昆虫激素防治害虫

目前,我国生产的性诱剂有桃小食心虫、苹小卷叶蛾、金纹细蛾、梨小食心虫、桃蛀螟等性诱剂。在果园内散布大量的性诱剂,使雄虫分不清真假,迷失寻找雌虫的方向,而不能交配。

(五)化学防治

进行化学防治时,要遵守中国绿色食品发展中心 1995 年制定的《生产绿色食品的农药使用准则》、2004 年发布实施的《无公害食品樱桃》、2005 年发布实施的《无公害食品落叶核果类果品》中的有关规定。

第二节　主要病虫害及其防治技术

一、樱桃主要病害及其防治技术

(一)病毒病

病毒病是指由病毒引起的一类病害,植株一旦感染不能治愈,就像人类的癌症,只能防病,因此是影响樱桃产量、品质和寿命的一类重要病害。病毒在樱桃上引起的病害有樱桃衰退病、樱桃黑色溃疡病、樱桃粗皮病、樱桃小果病、樱桃卷叶病、樱桃斑叶病、樱桃锉叶病、樱桃坏死环斑病、李矮缩病、樱桃花叶病、樱桃白花病等。其中,由李属坏死环斑病毒、李矮缩病毒、樱桃小果病毒引起的樱桃坏死环斑病、李矮缩病和樱桃小果病三类重要病毒病对樱桃的危害最大。李矮缩病根据不同的 PDV 株系引发,又可以分为樱桃环斑驳病、樱桃环花叶病、樱桃褪绿环斑病、樱桃褪绿-坏死环斑病、樱桃黄花叶病和樱桃黄斑驳病 6 种类型。

1. 发病症状(图 7-1)

(1)樱桃坏死环斑病。甜樱桃老树感染该病后症状不明显,感染数年后,只是春季末展开的少数叶片上表现症状。感染该病后的前 1～2 年内表现为冲击型症状,叶面整个坏死。强毒株系侵染症状严重时,仅会残留叶脉,并且可以使幼树致死。慢性症状表现为在叶片上出现黄绿色或浅绿色环纹或带纹,环内有褐色坏死斑点,后期脱落,形成穿孔。

（2）樱桃褪绿环斑病。侵染该病后的 1～2 年症状明显。春季形成的叶片出现黄绿色环斑或带纹。冲击型症状仅在感染当年短期内出现，慢性症状呈潜伏侵染，仅在部分幼树枝条的叶背叶脉角隅处出现深绿色小耳突。

图 7－1　病毒病为害叶片状

（左下：正常树结果状；右下：病毒病株坐果率降低）

（3）樱桃环花叶病。叶片产生淡绿色或黄绿色不同大小的环纹、不完整环或带纹斑。幼树和老树上均会出现叶片症状，老树多集中在树冠下部和较老叶片上。

（4）樱桃黄花叶病。在结果树上呈潜伏侵染，仅在野生樱桃实生苗和幼树上表现症状。染病叶片产生亮黄色透明组织和黄色环纹斑，叶片扭曲。

（5）樱桃褪绿—坏死环斑病。春季未充分展开的叶片上产生褪绿环纹或坏死斑点，脱落后形成穿孔。幼树下部叶片沿着中脉与侧脉角隅处出现深绿色耳突。

（6）樱桃环斑驳病。叶片产生淡绿色斑点和环纹斑驳。

（7）樱桃黄斑驳病。叶片产生黄绿色或黄色线、环的斑驳。

（8）樱桃小果病。感染该病的植株，生长季节开始时，果实发育正常，但临近采收时，病果大小仅为正常果的 1/2～1/3，颜色变淡，成熟期延后或不能正常发育成熟，糖度降低，口味不佳。叶片上的症状为叶缘轻微上卷，晚夏至初秋叶色由绿变红，首先在叶背的叶缘发生，随后迅速发展到叶脉间，而近主脉处仍然保持绿色。叶片变色首先从新梢基部开始，而后扩展到整株的叶片。在 9—10 月份症状尤为明显。

2. 侵染规律

病毒可以通过带毒的繁殖材料，如接穗、砧木、种子、花粉等进行传播，也可以通过芽接、枝接等嫁接方式进行传播。通过花粉传播病毒是病毒病传播速度最快的方式，李属坏死环斑病毒、李矮缩病毒就是主要通过花粉传播的。蚜虫、地下线虫等害虫在带毒植株和健康植株上迁移，也是传播病毒病的主要途径之一。樱桃小果病毒可以通过根蘖传播,还可以通过叶跳蝉和苹果粉蚧等传播。此外,观赏樱花是樱桃小果病的中间寄主,甜樱桃园附近最好不要种植樱花。

3. 防治方法

(1)隔离病源和中间寄主。发现病株要铲除,以免传染,对于野生寄主也要一并铲除。观赏的樱桃花是小果病毒的中间寄主,在甜樱桃栽培区也不要种植。

(2)要防治和控制传毒媒介。一是要避免用带病毒的砧木和接穗来嫁接繁殖苗木,防止嫁接传毒;二是不要用染毒树上的花粉来进行授粉;三是不要用种子来培育实生砧,因为种子也可能带毒;四是要防治传毒的昆虫、线虫等,如苹果粉蚧、某些叶螨、各类线虫等。

(3)栽植无病毒苗木。通过组织培养,利用茎尖繁殖,微体嫁接可以得到脱毒苗。要建立隔离区发展无病毒苗木,建成原原种、原种和良种圃繁殖体系,发展优质的无病毒苗木。

(二)流胶病

流胶病是甜樱桃枝干上的一种重要的非侵染性病害。病害发生极为普遍,发病原因复杂,规律难以掌握。染病后树势衰弱,抗旱、抗寒性减弱,影响花芽分化及产量,重者造成死树。

1. 发病症状(图7-2)

流胶病在不同树龄上的发病症状和发病程度明显不同,一般幼树及健壮的树发病较轻,老树及残、弱树发病较重。在主枝、主干以及当年生新梢上均可发生,以皮孔为中心发病,在树皮的伤口、皮孔、裂缝、芽基部流出无色半透明稀薄的胶质物,很黏。干后变黄褐色,质地变硬,结晶状,有的呈琥珀状胶块,有的能拉成胶状丝。果实上也常因虫蛀、雹伤流出乳白色半透明的胶质物,有的拉长成丝状。潜伏在枝干中的病菌,在适宜的条件下继续蔓延,一旦病菌侵入木质部或皮层后,形成环状病斑,造成枝干枯死。病菌侵入多年

图7-2 樱桃流胶病症状

生枝干后,皮层先呈水泡状隆起,造成皮层组织分离,然后逐渐扩大并渗出胶液。病菌在枝干内继续蔓延为害,并且不断渗出胶液,使皮层逐渐木栓化,形成溃疡型病斑。

2. 侵染规律

引起流胶的原因较为复杂,多数人认为是一种生理性病害,但从症状表现及发病情况分析,在一定程度上已经超越了生理病害的范围。近些年报道流胶是一种真菌为害造成的。但到底是真菌寄生后引起流胶发生,还是流胶后真菌寄生尚待深入研究。甜樱桃流胶病在整个生长季节均可以发生,与温度、湿度的关系密切。春季随温度的上升和雨季的来临开始发病,且病情日趋严重。在降雨期间,发病较重,特别是在连续阴雨天气,病部渗出大量的胶液。随着气温的降低和降雨量的减少,病势发展缓慢,逐渐减轻和停止。虫害的发生程度与流胶病关系密切,危害枝干的吉丁虫、红颈天牛、桑白芥等,是流胶病发生的主要原因之一。霜害、冻伤、日灼伤、机械损伤、剪锯口、伤根多、氮肥过量、结果过多或秋季雨水过多、排水不良等均可引起流胶病的发生。

3. 防治方法

加强栽培管理、改良土壤、抓好病虫害防治是防治流胶病的根本方法。具体表现为:合理修剪,增强树势,保证植株健壮生长,提高抗性;增施有机肥,改良土壤结构,增强土壤通透性,控制氮肥用量;雨季及时排水,防止园内积水;尽量避免机械性损伤、冻害、日灼伤;修剪造成的较大伤口涂保护剂等。此外,也可以用药剂防治,在施药前将坏死病部刮除,然后均匀涂抹一层药剂。在冬春季用生石灰混合液、200倍50%的多菌灵、300倍70%的甲基托布津或5波美度的石硫合剂均有一定的效果;在生长季节,对发病部位及时刮治,用甲紫溶液或100倍50%的多菌灵加维生素B;涂抹病斑,然后用塑料薄膜包扎密封。

(三)根瘤病

1. 发病症状(图7-3)

根瘤病又名根癌病、冠瘿病、根头癌肿病等,主要发生在根颈部,主根、侧根也有发生。瘤形状不定,多为球形。大小不一,小者如米粒大,大者如核桃,最大的多年生瘤直径可达10厘米。初生瘤乳白色,渐变浅褐至深褐色,表面粗糙不平。鲜瘤横剖面核心部坚硬为木质化,乳白色,瘤皮厚1~2毫米,皮和核心部间有空隙,老瘤核心变褐色。有的瘤似数瘤连体。

2. 侵染规律

根瘤是细菌性病害,由地下害虫和线虫传播,从伤口侵入,苗木带菌可远距离传播。育苗地重茬发病多,前茬为甘薯的地尤其严重。严重地块病株率达 90% 以上。根瘤病菌在肿瘤组织的皮层内越冬,或当肿瘤组织腐烂破裂时,病菌混入土中,土壤中的癌肿病菌亦

图 7 - 3　根瘤病

能存活 1 年以上。由于根瘤病菌的寄主范围广,土壤带菌是病害的主要来源。病菌主要通过雨水和灌溉流水传播。此外,地下害虫如蝼蛄和土壤线虫等也可以传播,而苗木带菌则是病害远距离传播的主要途径。病菌通过伤口侵入寄主,虫伤、耕作时造成的机械伤、插条的剪口、嫁接口以及其他损伤等,都可成为病菌侵入的途径。根瘤的发病与土壤温湿度也有很大关系,土壤湿度大,利于病菌侵染和发病;土温 22 ℃时最适于癌肿的形成,超过 30 ℃的土温,几乎不能形成肿瘤。土壤酸度亦与发病有关,碱性土壤利于发病,酸性土壤病害较少,土质黏重、地势低洼、排水不良的果园发病较重。此外,耕作管理粗放,地下害虫和土壤线虫多,以及各种机械损伤多的果园,发根瘤病较重。插条假植时伤口愈合不好的,育成的苗木发病较多。

3. 防治方法

(1) 严格检疫和苗木消毒。根瘤病主要通过带病苗木远距离传播,因此,建园时应避免从病区引进苗木或接穗。如苗木发现病株应彻底剔除烧毁,对可能带病的苗木和接穗,应进行消毒,可用 1% 的硫酸铜液浸 5 分钟,或 2% 的石灰液浸 1~2 分钟,苗木消毒后再定植。定植前根系浸蘸 K84 菌剂,对根瘤病的防治效果较好。此外,切忌引进 2 年生以上老苗,老苗移栽时易受病菌侵染。

(2) 加强果园管理。适于根瘤发生的中性或微碱性土壤,应增施有机肥,提高土壤酸度,改善土壤结构;土壤耕作及田间操作时应尽可能避免伤根或损伤茎蔓基部;注意防治地下害虫和土壤线虫,减少虫伤;平时注意雨后排水,降低土壤湿度;加强肥水管理,增强树势,提高抗病力。

（3）刮除病瘤或清除病株。发现园中有个别病株时应扒开根周围土壤，用锋利小刀将肿瘤彻底切除，直至露出无病的木质部，并涂以高浓度石硫合剂或波尔多液保护伤口，以免再受感染。对刮除的病残组织应集中烧毁。对无法治疗的重病株应及早拔除并彻底收拾残根，集中烧毁，移植前应挖除可能带菌的土壤，换上无病、肥沃新土后再定植。

（四）褐斑病

1. 发病症状（图7-4）

该病主要为害叶片，也危害叶柄和果实。叶片发病初期在叶片正面叶脉间产生紫色或褐色的坏死斑点，同时在斑点的背面形成粉红色霉状物，后期随着斑点的扩大，数斑联合使叶片大部分枯死。有时叶片也形成穿孔现象，造成叶片早期脱落。如图7-5所示。

图7-4　樱桃褐斑病发病病程

图7-5　褐斑病导致甜樱桃早期落叶

2. 侵染规律

甜樱桃叶斑病是由真菌引起的，一般在落叶上越冬，春季开花期间随风雨传播，侵染幼叶。病菌侵入幼叶后，有1～2周的潜伏期，之后出现发病症状。发病高峰在高温、多雨季节的7—8月份。

3. 防治方法

加强栽培管理，增强树势，提高树体抗病能力；秋季彻底清除病枝、病叶，集中烧毁或深埋，减少越冬病菌数。或者在发芽前喷3～5度石硫合剂；谢花后至采果前，喷1～2次70%的代森锰锌600倍液或75%的百菌清500～600倍液，每隔半月喷1次。

（五）褐腐病

1. 发病症状（图 7 - 6）

褐腐病，主要为害花和果实，引起花腐和果腐，也可以为害叶和枝。发病初期，先在花柱和花冠上出现斑点，然后延伸至萼片和花柄，花器渐变成褐色，直至干枯，后期病部形成一层灰褐色粉状物。从落花后 10 天幼果开始发病，果面上形成浅褐色圆形小斑点，逐渐扩大为黑褐色病斑，幼果不软腐；成熟果发病，初期在果面产生浅褐色小斑点，迅速扩大，引起全果软腐。病果少数脱落，大部分腐烂失水，干缩成褐色僵果悬挂在树上。嫩叶受害后变褐色萎蔫，枝条受害一般由花柄、叶柄蔓延到枝条发病，病斑发生溃疡，灰褐色，边缘绿紫褐色，初期易流胶。病斑绕枝条腐烂一周后，枝条枯死。

图 7 - 6　樱桃褐腐病

2. 侵染规律

该病是一种真菌病害，一般在僵果和枝条的病部组织上越冬，春季借助风雨和昆虫进行传播，由气孔、皮孔、伤口处侵入。花期遇阴雨天气，容易产生花腐；果实成熟期多雨，发病严重。晚秋季节容易在枝条上发生溃疡。自开花到成熟期间都能发病。

3. 防治方法

果实采收后，彻底清洁果园，将落叶、落果和树上残留的病果深埋或烧毁，同时，剪除病枝及时烧掉。合理修剪，使树冠具有良好的通风透光条件。发芽前喷 1 次 3～5 度石硫合剂；生长季每隔 10～15 天喷 1 次药，共喷 4～6 次，药剂可用 70% 的代森锰锌 600 倍液或 50% 的甲基托布津 600～800 倍液，均可有效防治褐腐病。

（六）黑腐病

1. 发病症状（图 7 - 7）

黑腐病病原为链格孢，致病菌通过切口、裂隙和伤口入侵。黑腐病最显著的特征是孢囊梗上附着大量菌丝体,孢囊梗被灰黑色的孢子囊覆盖,腐烂组织呈灰色。孢子囊极易破裂,向空气中释放出大量孢子,侵染周围的果实。发病果实组织坚硬,呈褐色或黑色,稍湿。病情进一步恶化,果实表面会覆盖橄榄绿色的孢子及白色的霉。病斑呈圆形或椭圆形,病斑面积通常为果实的 1/3～1/2。

图 7 - 7　樱桃黑腐病

2. 防治方法

保持树体健壮,负载合理,不郁闭。防止裂果、冰雹伤等果实伤口,并及时喷施波尔多液保护,去除病果。果实发育期也可以喷施药剂,可用 70% 的代森锰锌 600 倍液或 50% 的甲基托布津 600～800 倍液防治。

二、樱桃主要虫害及其防治技术

(一)红颈天牛

红颈天牛属鞘翅目,天牛科。又叫桃红颈天牛、铁炮虫等,分布很广。以幼虫蛀食树木主杆和大枝的韧皮部和木质部,蛀成弯曲隧道,造成树干中空,输导组织被破坏。被蛀食虫道弯弯曲曲塞满粪便,虫量大时树干基部有大堆的粪便,排粪处也有流胶现象。蛀害会削弱树势,导致枝干死亡,严重时造成全株死亡。果园严重被害株率可达60%～70%。

1. 形态特征

红颈天牛雌成虫体长 26～37 毫米,宽 8～10 毫米,通体黑色有亮光,腹部黑色有绒毛,头、触角及足黑色,前胸背棕红色。雄成虫体小而瘦。雄虫触角比身体长,而雌成虫触角和身体等长,身体两侧各有一腺孔,受惊时分泌白色恶臭液体。红颈天牛的卵长约 1.5 毫米,乳白色,长椭圆形。低龄幼虫乳白色,老熟幼虫淡黄白色,体长40～50 毫米,头黑色。蛹初期黄白色,裸蛹,长 32～45 毫米。

2. 发生规律及习性

红颈天牛 2～3 年完成 1 代,以幼虫在虫道内越冬,每年 6—7 月成虫出现 1 次。

成虫羽化后,停留2～3天才钻出活动,取食补充营养并在树冠间或枝干上交配,雌雄可多次交配,交尾后4～5天即开始产卵,卵散产,每个雌虫产卵100余粒,一般在地表以上100厘米左右的主干、主枝皮缝内产卵。老树树皮裂缝多及粗糙处产卵多,受害严重,幼树和主干皮光滑的品种受害较轻。幼虫在树干间蛀食,虫道弯曲纵横但很少交叉,幼虫到3龄以后向木质部深层蛀食,老幼虫深入木质部内层。幼虫期很长,一般600～700天,长者千余天。幼虫老熟后在虫道顶端作一蛹室,内壁光滑,并作羽化孔,用细木屑封住孔口。蛹期20～25天。6—7月间出成虫,成虫寿命15～30天,卵期8～10天,成虫发生期可持续30～50天。

3. 防治方法

(1)成虫大量出现时,在中午成虫活跃时人工捕杀成虫。

(2)用塑料薄膜密封包扎树干,基部用土压住,上部扎住口,在其内部放磷化铝片2～3片可以熏杀皮下幼虫。

(3)检查枝干上有无产卵伤口和粪便排出,如发现可用铁丝钩出虫道内虫粪,在其内塞入磷化铝片,每处一小片而后用泥封孔,可熏杀幼虫。

(4)成虫发生期前,用10份生石灰、1份硫黄粉、40份水配制成涂白剂往主干和大枝上涂白,可以有效地防止产卵。

图7-8 甜樱桃桑白蚧为害症状

(二)桑白蚧

桑白蚧属同翅目,盾蚧科。又叫桑白盾蚧、桑盾蚧,简称桑蚧,俗名树虱子。其成虫、若虫、幼虫以刺吸式口器为害枝条和枝干。枝条被害,生长势减弱、衰弱萎缩,严重时枝条表面布满虫体,灰白色介壳将树皮覆盖,虫体为害处稍凹陷,枝上芽子尖瘦,叶小而黄。严重发生时树枝干衰弱枯死,整株或全园半死不活。如图7-8所示。

1. 形态特征(图7-9)

桑白蚧雌成虫介壳呈白或灰白色,近扁圆,直径2～2.5毫米,背面隆起,略似扁圆锥形,壳顶点黄褐色,壳有螺纹。壳下虫体为橘黄色或橙黄色,扁椭圆,长约1.3毫米,腹部分节明显,侧缘突出,触角退化,生殖孔周围有 5 组盘状腺孔。雄虫若虫阶段有蜡质壳,白色或灰白色,狭长,长约 1.2 毫米,两侧平直呈长条状,背有 3 条状突起,壳顶点橙黄偏于前端。羽化后的虫体橙黄色或粉红色,有翅 1 对,能飞,体长约 0.6~0.7 毫米,翅膜质,翅展为 1.8 毫米,后翅退化。眼黑色,触角 10 节呈念珠状,尾部有一针状交配器。若虫初孵化时,仔虫呈淡黄,体长椭圆形、扁平。腹尾有 2 根白色尾毛,仔虫阶段能爬行,由雌虫壳下钻出扩散。固定位置后称其为若虫阶段,分泌蜡质逐渐成壳,雌雄逐渐分化。卵长,椭圆形,0.25~0.3 毫米,初产粉红,近孵化时变橘红色。雄虫有蛹阶段,裸蛹,橙黄色,长 0.6~0.7 毫米。

图 7 - 9　甜樱桃桑白蚧

2. 发生规律及习性

华北每年发生 2 代,江、浙 3 代,广东 5 代,各地发生时期不同。北方 2 代区以受精雌成虫在枝条上越冬,4 月下旬开始产卵,5 月上旬为产卵盛期。每个雌成虫可产卵 400 粒,卵期约 10 天。孵化盛期在 5 月下旬,初孵仔虫,即从雌虫壳下钻出爬行扩散,6 月上旬至中旬雌雄介壳即产生区别。雌雄交配后雄虫死亡,雌虫 7 月份发育成熟。江、浙 3 代区,第一代于 5—6 月、第二代于 6—7 月、第三代于 8—9 月完成。

3. 防治方法

(1)利用天敌。天敌种类很多,寄生性的寄生蜂 10 余种,捕食性的红点唇瓢虫,方头甲等多种,注意保护利用。

(2)抓住仔虫孵化期、爬行扩散阶段喷药防治,可喷 3 000 倍 20%杀灭菊酯或 3 000 倍 2.5%溴氢菊酯,也可喷蜡蚧灵、速杀蚧、蚧蚜死等新混配剂型农药,每代仔虫期连喷药 2 次,华北多在 5 月下旬和 8 月下旬,每年早晚相差 5~7 天。

(3)修剪、刮树皮等手段相结合,及时剪除受害严重的枝条,并用硬毛刷清除大枝上的介壳。

（三）金龟子类

为害甜樱桃的金龟子类害虫主要有苹毛丽金龟子、东方金龟子和铜绿金龟子。

东方金龟子又名黑绒金龟子,主要以成虫啃食樱桃的芽、幼叶、花蕾、花和嫩枝为主。苹毛丽金龟子以幼虫啃食树体的幼根为主,成虫在花蕾至盛花期为害最重,为害期一周左右。

1. 形态特征

东方金龟子成虫体长 8～10 毫米,椭圆形,褐色或棕色至黑褐色,鞘翅密布绒毛,呈天鹅绒状。幼虫体长 30～33 毫米,头黄褐色,体乳白色。苹毛金龟子成虫体长 9.0～12 毫米,头胸部古铜色,有光泽,翅鞘为淡茶褐色,半透明,腹部有黄色绒毛。幼虫体形较小,约 15 毫米,头黄褐色,体乳白色。铜绿龟子体形较大,体长 18～21 毫米,背部深绿色有光泽,前胸发达,两侧近边缘处为黄褐色,鞘翅上有 3 条隆起纵纹,腹部深褐色,有光泽。幼虫体长 23～25 毫米,腹部末节中央有 2 排肛毛,约 14～15 对,周围有许多不规则刚毛。如图 7 - 10、图 7 - 11 所示。

图 7 - 10　铜绿金龟子

图 7 - 11　铜绿金龟子为害症状

2. 发生规律及习性

上述金龟子类均为 1 年发生 1 代,成虫或老熟幼虫于土中越冬,只有其出土时期、为害盛期略有差异。苹毛丽金龟子和东方金龟子的成虫均在 4 月中旬出土,4 月下旬至 5 月上旬为出土高峰,成虫为害叶片。一般多为白天为害,日落则钻入土中或树下过夜。当气温升高时成虫活动最多。金龟子类成虫均有假死习性。铜绿金龟子,除上述习性外,还具有较强的趋光性。

3. 防治方法

(1) 在成虫大量发生时期,利用金龟子的假死习性,在早晨或傍晚时人工震动树枝、枝干,把落到地上的成虫集中起来,进行人工捕杀。

(2) 铜绿金龟子成虫大量发生时,利用其趋光性,架设黑光灯诱杀成虫。

（3）糖醋液诱杀。用红糖 5 份、醋 20 份、白酒 2 份、水 80 份搅拌均匀装入罐头瓶内，在金龟子成虫发生期间，每 667 平方米挂 10～15 只糖醋液瓶，诱引金龟子飞入瓶中，倒出集中杀灭。

（4）水坑诱杀。在金龟子成虫发生期间，在树行间挖一个长 80 厘米、宽 60 厘米、深 30 厘米的坑，坑内铺上完整无漏水的塑料布，做成一个人工防渗水坑，坑内倒满清水。夜间坑里的清水光反射较为明亮，利用金龟子喜光的特性，引诱其飞入水坑中淹死。每 667 平方米地挖 6～8 个水坑即可。

（四）梨小食心虫

梨小食心虫简称"梨小"，属于鳞翅目，卷叶蛾科，又叫梨小蛀果蛾、东方蛀果蛾。第一至第二代幼虫专蛀甜樱桃新梢顶端，多从嫩尖第三至四片叶柄基部蛀入髓部，往下蛀食至木质化部分然后转移。嫩尖凋萎下垂，很易识别。蛀孔处多流出晶莹透明的果胶，多呈条状，长约 1 厘米，严重影响生长发育。

1. 形态特征

成虫体长 6～7 毫米，翅展 13～14 毫米，褐色至灰褐色。前翅灰黑色，前缘有 10 组白色短斜纹，中央近外缘 1/3 处有一明显白点，翅面散生灰白色鳞片，后部近外缘约 10 个小黑斑，后翅浅茶褐色。两翅合拢，外缘呈钝角。幼虫体长 10～13 毫米，淡红至桃红色，腹部橙黄，头褐色。老幼虫体长约 13 毫米，淡红至桃红色，头褐色。卵扁椭圆形，周缘平缓，中央鼓起，刚产下的卵呈浅乳白色半透明，近孵化时变褐色。蛹长 7 毫米，黄褐色，渐变为暗褐色，腹部 3～7 节背面有 2 排横列小刺，8～10 节各生一排稍大刺。腹末有 8 根钩状臀刺。如图 7 - 12、图 7 - 13 所示。

图 7 - 12　梨小食心虫为害症状

图 7 - 13　梨小食心虫幼虫

2. 发生规律及习性

华北每年发生三至四代,以老熟幼虫在树皮缝内结茧越冬。多数集中在根茎和主干分枝处,树下杂草、土石缝内也有越冬幼虫。有转寄主为害的习性,一至二代多为害甜樱桃等核果类新梢,个别也为害苹果新梢。三至四代多为害桃、李果实,后期集中为害梨或苹果的果实。华北地区的虫害发生时间为第一代 4—5 月,第二代 6—7 月,第三代 7—8 月,第四代 9—10 月。第 1 次蛀梢高峰在 4 月下旬至 5 月上旬,第二次在 6 月中下旬,第三次蛀梢在 7 月,后期多蛀果为害。卵主要产于中部叶背,卵期 8～10 天。成虫趋化性强,糖醋液和性诱剂对成虫诱捕力很强。

3. 防治方法

(1)诱捕成虫。性诱剂诱捕效果很好,每 50～100 株设一诱捕器,每天清除成虫,诱捕器内放少量洗衣粉防成虫飞走。糖醋液(糖 5∶醋 20∶酒 5∶水 50)诱捕效果也很好。

(2)喷药防治幼虫。对刚蛀梢的幼虫喷果虫灵 1 000 倍液或桃小灵 2 000 倍液可杀死刚蛀梢的幼虫。

(3)成虫盛发期。当性诱捕器连续 3 天诱到成虫时即可喷药以杀死成虫和卵,可喷 2 000～3 000 倍甲氢菊酯类农药及其他菊酯类药剂。

(五)金缘吉丁虫

金缘吉丁虫俗称串皮虫,属鞘翅目,吉丁甲科。幼虫于果树枝干皮层内、韧皮部与木质部间蛀食,被蛀部位皮层组织颜色变深。随着虫龄增大则深入到形成层串食,虫道迂回曲折,被害部位后期常常纵裂,枝干满布伤痕,树势衰弱。主干或侧枝若被蛀食一圈,可导致整个侧枝或全株枯死。

1. 形态特征

成虫体长 13～17 毫米,宽约 6 毫米,体纺锤形略扁,密布刻点,翠绿色有金黄色光泽,复眼黑色,前胸至翅鞘前缘有条金黄色纵条纹并有金红色银边,头中央有一条黑蓝色纵纹。卵扁椭圆形,长约 2 毫米,宽 1.4 毫米,初为乳白色,后变为黄褐色,幼身扁平。幼虫乳黄色,头小、暗褐色,前胸第一节扁平肥大,腹部细长,节间凹进。老熟幼虫体长 30～35 毫米。蛹体长 15～20 毫米,纺锤形略扁平,由乳白渐变黄,羽化前与成虫相似。

2. 发生规律及习性

金缘吉丁虫 1～2 年完成 1 代,每年发生的代数因地区而异。以大小不同龄期的幼虫在被害枝干的皮层下或木质部的蛀道内越冬,树体萌芽时开始继续为害。老熟幼虫一般在 3 月开始活动,4 月开始化蛹,5 月中、下旬是成虫出现盛期。成虫羽化后,在树冠上活动取食,有假死性。卵始见于 6 月上旬,多产于树势衰弱的主干及主枝翘皮裂缝内,盛期在 6 月中、下旬。6 月下旬至 7 月上旬为幼虫孵化盛期,幼虫孵化后,即咬破卵壳而蛀入皮层,逐渐蛀入形成层后,沿形成层取食,虫道绕枝干一周后,常造成枝干枯死。8 月份以后多数幼虫蛀入木质部或在较深的虫道内越冬。

3. 防治方法

(1) 加强栽培管理措施。土壤贫瘠、管理粗放、树势衰弱的甜樱桃植株容易受害。因此,加强栽培管理,提高树势可以有效地抵抗金缘吉丁虫。

(2) 休眠期刮除粗翘皮,特别是主干、主枝的粗树皮,可消灭部分越冬幼虫。

(3) 成虫羽化前,及时清除死树死枝并烧掉,减少虫源。

(4) 成虫发生期,利用其假死性,清晨气温低时,振落捕杀成虫。或者利用黑光灯、糖醋液、性诱剂等设备诱杀成虫。

(5) 化学防治:成虫发生期可喷 20% 速灭杀丁 2 000 倍液进行防治;幼虫为害处易于识别,可用药剂涂抹被害处表皮,毒杀幼虫效果很好。

(六)红蜘蛛

红蜘蛛有多种类型,为害甜樱桃的主要是山楂红蜘蛛,又名山楂叶螨或樱桃红蜘蛛,属于蛛形纲,蜱螨目,叶螨科,分布很广,遍及南北各地。成、幼、若螨刺吸叶片组织或芽、果的汁液,被害叶芽初期呈现灰白色失绿小斑点,随后扩大连片。芽严重受害后不能继续萌发,变黄、干枯。严重时全叶苍白枯焦早落,常造成二次发芽开花,削弱树势,不仅当年果实不能成熟,还影响花芽形成和下年的产量。在大量发生的年份,7—8 月份常造成大量落叶,导致二次开花。如图 7 – 14 所示。

图 7 – 14 山楂叶螨为害症状

1. 形态特征

红蜘蛛的雌成螨有冬、夏型之分,冬型体长 0.4～0.6 毫米,朱红色有光泽;夏型体长0.5～0.7毫米,紫红或褐色,体背后半部两侧各有 1 大黑斑,足浅黄色。体均卵圆形,前端稍宽有隆起,体背刚毛细长 26 根,横排成 6 行。雄成螨体长 0.35～0.45 毫米,纺锤形,第三对足基部最宽,末端较尖,第一对足较长,体浅黄绿至浅橙黄色,体背两侧出现深绿长斑。幼螨 3 对足,体圆形黄白色,取食后卵圆形、浅绿色,体背两侧出现深绿长斑。若螨 4 对足,淡绿至浅橙黄色,体背出现刚毛,两侧有深绿斑纹,后期与成螨相似。

2. 发生规律及习性

北方每年发生 5～13 代,均以受精雌螨在树体各缝隙内及干基附近土缝里群集越冬。第二年春日平均气温达 9～10 ℃,花芽开绽之际出蛰上芽为害,展叶后到叶背为害,此时为出蛰盛期,整个出蛰期达 40 余天。取食 7～8 天后开始产卵,盛花期为产卵盛期,卵期8～10 天,落花后 7～8 天卵基本孵化完毕,同时出第一代成螨。第一代卵落花后 30 余天达孵化盛期,此时各虫态同时存在,世代重叠。一般 6 月前温度低,完成 1 代需 20 余天,虫量增加缓慢,夏季高温干旱 9～15 天即可完成 1 代,卵期 4～6 天,麦收前后为全年发生的高峰期,严重者使叶片焦枯,甚至落叶,由于食料不足营养恶化,常提前越冬。食料正常的情况下,进入雨季高湿,加之天敌数量的增长,导致山楂叶螨虫数量显著下降,至 9 月可再度上升,为害至 10 月陆续以末代受精雌螨潜伏越冬。成若幼螨喜在叶背群集为害,有吐丝结网习性,田间雌螨占60%～85%。春、秋世代平均每个雌螨产卵 70～80 粒,夏季世代 20～30 粒。非越冬雌螨的寿命,春、秋两季为 20～30 天,夏季 7～8 天。

3. 防治方法

(1) 保护和引放天敌。红蜘蛛的天敌有食螨瓢虫、小花蝽、食虫盲蝽、草蛉、蓟马、隐翅甲、捕食螨等数十种。尽量减少杀虫剂的使用次数或使用不杀伤天敌的药剂以保护天敌,特别是花后大量天敌相继上树,如不喷药杀伤,往往可把害螨控制在经济允许水平以下。个别树严重,平均每叶达 5 头时应进行"挑治",防止普治大量杀伤天敌。

(2) 果树休眠期刮除老皮,重点是去除主枝分杈以上老皮,主干可不刮皮以保护主干上越冬的天敌。

(3) 幼树山楂叶螨主要在树干基部土缝里越冬,可在树干基部培土拍实,防止越冬螨出蛰上树。

（4）发芽前结合防治其他害虫，可喷洒波美 5 度石硫合剂或 45％晶体石硫合剂 20 倍液、含油量 3％～5％的柴油乳剂，特别是刮皮后施药效果更好。

（5）花前是进行药剂防治叶螨和多种害虫的最佳施药时期，在做好虫情测报的基础上，及时全面进行药剂防治，可控制在为害繁殖之前。可选用波美 0.3～0.5 度石硫合剂或 45％晶体石硫合剂 300 倍液。

（七）黄刺蛾

黄刺蛾别名刺蛾、八角虫、八角罐、洋辣子、羊蜡罐、白刺毛，鳞翅目，刺蛾科，全国分布广泛，是为害甜樱桃的主要刺蛾种类之一。以幼虫伏在叶背面啃食叶肉，使叶片残缺不全，严重时，只剩中间叶脉。幼虫体上的刺毛丛含有毒腺，与人体皮肤接触后，倍感痒痛而红肿。

1. 形态特征

成虫体长 15 毫米，翅展 33 毫米左右，身体肥大，黄褐色，头胸及腹前后端背面黄色。触角丝状灰褐色，复眼球，体黑色。前翅顶角至后缘基部 1/3 处和臀角附近各有 1 条棕褐色细线，内侧线的外侧为黄褐色，内侧为黄色。沿翅外缘有棕褐色细线，黄色区有 2 个深褐色斑，均靠近黄褐色区，1 个近后缘，1 个在翅中部稍前。后翅淡黄褐色，边缘色较深。卵椭圆形，扁平，长 1.4～1.5 毫米，表面有线纹，初产时黄白色，后变黑褐色，数十粒块生。幼虫体长 16～25 毫米，肥大，呈长方形，黄绿色，背面有 1 紫褐色哑铃形大斑，边缘发蓝。头较小，淡黄褐色，前胸盾。半月形，左右各有 1 个黑褐斑。胴部第 2 节以后各节有 4 个横列的肉质突起，上生刺毛与毒毛，其中以 3、4、10、11 节者较大。气门红褐色，气门上线黑褐色，气门下线黄褐色。臀板上有 2 个黑点，胸足极小，腹足退化，第一至七腹节腹面中部各有 1 扁圆形"吸盘"。蛹长 11～13 毫米，椭圆形，黄褐色。茧石灰质坚硬，椭圆形，上有灰白和褐色纵纹似鸟卵。如图 7－15 所示。

图 7－15 黄刺蛾

2. 发生规律及习性

东北及华北多年只生 1 代,河南、陕西、四川生 2 代,以老熟幼虫在枝干上的茧内越冬。东北及华北 1 代区 5 月中下旬开始化蛹,蛹期 15 天左右。6 月中旬至 7 月中旬出现成虫,成虫昼伏夜出,有趋光性,羽化后不久交配产卵,卵产于叶背,卵期 7

图 7 - 16　黄刺蛾为害症状

～10 天,幼虫发生期 6 月下旬至 8 月,8 月中旬后陆续老熟,在枝干等处结茧越冬。河南,陕西、四川二代区 5 月上旬开始化蛹,5 月下旬至 6 月上旬羽化,第一代幼虫 6 月中旬至 7 月上中旬发生。第一代成虫 7 月中下旬开始出现,第二代幼虫为害盛期在 8 月上中旬,8 月下旬开始老熟结茧越冬。7—8 月间高温干旱,黄刺蛾发生严重。如图 7 - 16 所示。

3. 防治方法

(1) 秋冬季节修剪树体的同时摘虫茧或敲碎树干上的虫茧,减少虫源。

(2) 利用成虫的趋光性,用黑光灯诱杀成虫。

(3) 利用幼龄幼虫群集为害的习性,在 7 月上中旬及时检查,发现幼虫即人工捕杀,捕杀时注意幼虫毒毛。

(4) 生物防治。在成虫产卵盛期时,可采用赤眼蜂寄生卵粒,667 平方米地放蜂 20 万头,每隔 5 天放 1 次,3 次放完,卵粒寄生率可达 90％以上。

(5) 在幼虫盛发期喷洒药剂,可用 2.5％溴氰菊酯或功夫乳油 3 000 倍液灭杀幼虫。

(八)褐缘绿刺蛾

褐缘绿刺蛾别名青刺蛾、四点刺蛾、曲纹绿刺蛾、洋辣子,鳞翅目,刺蛾科,也是为害甜樱桃的主要刺蛾种类之一。我国北起黑龙江,南至台湾、海南、广东、广西、云南均有分布。低龄幼虫取食树体的下表皮和叶肉,留下上表皮,致叶片呈不规则黄色斑块,大龄幼虫食叶,使树叶成平直的缺口。

1. 形态特征

褐缘绿刺蛾成虫体长 16 毫米，翅展 38～40 毫米。触角棕色，雄彬齿状，雌丝状。头、胸、背绿色，胸背中央有 1 条棕色纵线，腹部灰黄色。前翅绿色，基部有暗褐色大斑，外缘为灰黄色宽带，带上散有暗褐色小点和细横线，带内缘内侧有暗褐色波状细线，后翅灰黄色。卵扁平椭圆形，长 1.5 毫米，黄白色。幼虫体长 25～28 毫米，头小，体短粗，初龄黄色，稍大黄绿至绿色，前胸盾上有 1 对黑斑，中胸至第八腹节各有 4 个瘤状突起，上生黄色刺毛束，第一腹节背面的毛瘤各有 3～6 根红色刺毛。腹末有 4 个毛瘤丛生蓝黑刺毛，呈球状。背浅绿色，两侧有深蓝色点。蛹长 13 毫米，椭圆形，黄褐色。茧长 16 毫米，椭圆形，暗褐色酷似树皮。如图 7 - 17 所示。

图 7 - 17　樱桃褐缘绿刺蛾

2. 发生规律及习性

北方年发生 1 代，河南和长江下游发生 2 代，江西发生 3 代，均以老熟幼虫蛹于茧内越冬，结茧场所于干基浅土层或枝干上。北方 1 代区 5 月中下旬开始化蛹，6 月上中旬至 7 月中旬为成虫发生期，幼虫发生期 6 月下旬至 9 月，8 月为害最重，8 月下旬至 9 月下旬陆续老熟且多入土结茧越冬。河南、长江下游 2 代区 4 月下旬开始化蛹，成虫 5 月中旬始见，第一代幼虫 6—7 月发生，第一代成虫 8 月中下旬出现；第二代幼虫 8 月下旬至 10 月中旬发生，10 月上旬陆续老熟于枝干上或入土结茧越冬。成虫昼伏夜出，有趋光性，卵数十粒呈块鱼鳞状排列，多产于叶背主脉附近，每个雌虫产卵 150 余粒，卵期 7 天左右。幼虫共 8 龄，少数 9 龄，1～3 龄群集，4 龄后渐分散。

3. 防治方法

参考黄刺蛾。

（九）大青叶蝉

大青叶蝉又名大绿浮尘子、青叶蝉、大绿叶蝉等，属同翅目，叶蝉科。在全国各地均有发生。以成虫和若虫刺吸汁液,影响生长、削弱树势,在北方产越冬卵于果树枝条皮下,刺破表皮致使枝条失水,造成枝干损伤,常引起冬、春抽条和幼树枯死,影响果树安全越冬,是为害苗木和幼树的重要害虫。

1. 形态特征

大青叶蝉成虫体长 7～10 毫米,体背青绿色略带粉白,头橙黄色,复眼黑褐色,头顶有两个黑点,前翅蓝绿色,末端灰白色半透明。后翅及腹背黑色,足黄白至橙黄色。卵长圆形,微弯曲,一端稍尖,初乳白,近孵化时黄白色。若虫与成虫相似,初孵化灰白色微带黄绿,胸腹背面无显著条纹。3 龄后黄绿色,现翅芽,胸腹背面显现 4 条褐至暗褐色纵纹,5 龄时翅芽超过第二腹节,体长约 7 毫米。

图 7－18　大青叶蝉为害症状

2. 发生规律及习性

每年发生 3 代,以卵块在枝干皮下越冬。春季果树萌芽时孵化为若虫,第一代成虫发生于 5 月下旬,7—8 月为第二代成虫发生期,9—11 月出现第三代成虫。第一、二代为害杂草或其他农作物,第三代在 9—10 月为害甜樱桃。产卵时,产卵器划破树皮,造成月牙形伤口,产卵 7～8 粒,排列整齐,造成枝条伤痕累累。10 月中旬逐渐转移到果树上产卵,10 月下旬为产卵盛期,并以卵越冬。成虫趋光性极强。如图7－18 所示。

3. 防治方法

(1)利用成虫趋光性,夏季夜晚灯光诱杀成虫,杜绝成虫上树产卵,可以明显减少来年的发生数量。

(2)1～2 年生幼树,在成虫产越冬卵前用塑料薄膜袋套住树干,或用涂白剂进行树干涂白,阻止成虫产卵。

(3)加强栽培管理措施,及时清除园内杂草,幼树园和苗圃地附近最好不种秋菜。

(4)若虫发生期喷药防治,种类及浓度为 2.5%溴氰菊酯等菊酯类 1 500～2 000 倍液杀死若虫。

（十）桃潜叶蛾

桃潜叶蛾属鳞翅目,潜叶蛾科。主要以幼虫潜食叶肉组织,在叶中纵横窜食,形成弯弯曲曲的虫道,并将粪粒充塞其中,受害严重时叶片只剩上下表皮,甚至造成叶片提前脱落。若防治不及时,严重削弱树势,影响第二年开花结果。

1. 形态特征

桃潜叶蛾成虫体长 3 毫米,翅展 6 毫米,身体及前翅银白色。前翅狭长,前端尖,附生 3 条黄白色斜纹,翅前端有黑色斑纹。前后翅都具有灰色长缘毛。卵扁椭圆形,无色透明,卵壳极薄而软,大小为 0.33～0.26 毫米。幼虫体长 6 毫米,胸淡绿色,体稍扁。有黑褐色胸足 3 对。茧扁枣核形,白色,茧两侧有长丝黏于叶上。

2. 发生规律及习性

每年发生约 7 代,以蛹在果园附近的树皮缝内、被害树叶背面及落叶、杂草、石块下结白色薄茧过冬。来年 4 月下旬至 5 月初,成虫羽化,夜间活动产卵于叶下表皮内。幼虫孵化后,在叶组织内潜食为害,窜成弯曲隧道,并将粪粒充塞其中,叶的表皮不破裂,可由叶面透视。叶受害后枯死脱落。幼虫老熟后在叶内吐丝结白色薄茧化蛹。5 月上中旬发生第一代成虫,以后每月发生 1 代,最后 1 代发生在 11 月上旬。

3. 防治方法

(1) 消灭越冬虫体。冬季清理果园时,刮除树干上的粗老翘皮,连同清理的叶片、杂草集中焚烧或深埋。

(2) 运用性诱剂杀成虫。选一广口容器,盛水至边沿 1 厘米处,水中加少许洗衣粉,然后用细铁丝串上含有桃潜叶蛾成虫性诱激素制剂的橡皮诱芯,固定在容器口中央,即成诱捕器。将制好的诱捕器挂于樱桃园中,高度距地面 1.5 米,每 667 平方米挂 5～10 个,可以诱杀雄性成虫。

(3) 化学防治。化学防治的关键是掌握好用药时间和种类。越冬代及第一二代幼虫发生盛期分别应用 25% 灭幼脲 3 号悬浮剂 1 500～2 000 倍药液,喷药,同时兼治害螨;也可喷蛾螨灵 1 500 倍液;也可用 2.5% 溴氰菊酯或功夫乳油 3 000 倍液。

(十一) 苹小卷叶蛾

苹小卷叶蛾属鳞翅目,卷叶蛾科,俗称舐皮虫。幼虫为害果树的芽、叶、花和果实。幼虫常将嫩叶边缘卷曲,以后吐丝缀合嫩叶;大幼虫常将 2～3 张叶片平贴,或将叶片食成孔洞或缺口,或将叶片平贴果实上,将果实啃成许多不规则的小坑洼。如图 7 - 19 所示。

图 7 - 19　苹小卷叶蛾为害症状

1. 形态特征

苹小卷叶蛾成虫体长 6～8 毫米，体黄褐色。前翅的前缘向后缘和外缘角有两条浓褐色斜纹，其中一条自前缘向后缘达到翅中央部分时明显加宽。前翅后缘肩角处，及前缘近顶角处各有一小的褐色纹。卵扁平椭圆形，淡黄色半透明，数十粒排成鱼鳞状卵块。幼虫身体细长，头较小呈淡黄色。小幼虫黄绿色，大幼虫翠绿色。蛹黄褐色，腹部背面每节有刺突两排，下面一排小而密，尾端有 8 根钩状刺毛。

2. 发生规律及习性

苹小卷叶蛾一年发生 3～4 代，以幼龄幼虫在粗翘皮下、剪锯口周缘裂缝中结白色薄茧越冬，尤其在剪、锯口，越冬幼虫数量居多。第二年三四月份出蛰，出蛰幼虫先在嫩芽、花蕾上，潜于其中为害。叶片伸展后，便吐丝缀叶为害，被害叶成为"虫苞"。这时幼虫在虫苞贪食，不大活动，称为紧包期。幼虫非常活泼，稍受惊动，能前进或后退脱出虫苞，立即吐丝下垂，随风荡动，转移到另一新梢嫩叶上为害。长大后则多卷叶为害，老熟幼虫在卷叶中结茧化蛹。3 代发生区，6 月中旬越冬的苹小卷叶蛾成虫羽化，7 月下旬第一代羽化，9 月上旬第二代羽化；4 代发生区，越冬的苹小卷叶蛾为 5 月下旬、第一代为 6 月末至 7 月初、第二代在 8 月上旬、第三代在 9 月中旬羽化。成虫有趋光性和趋化性，成虫夜间活动，对果醋和糖醋都有较强的趋性，设置性信息素诱捕器，均可用于直接监测成虫发生期的数量变化。

3. 防治方法

（1）生物防治。用糖醋、果醋或苹小卷叶蛾性信息素诱捕器来监测成虫发生期数量增减变化。自诱捕器中出现越冬成虫之日起，第四天开始释放赤眼蜂防治，一般每隔 6 天放蜂 1 次，连续放 4～5 次，每公顷放蜂约 150 万头，卵块寄生率可达85% 左右，基本控制其为害。一代幼虫初期，选用 Bt 乳剂 2 001 号、苏脲 1 号 1 000

倍液防治。

（2）利用成虫的趋化性和趋光性。将酒、醋、水按 5：20：80 的比例配置，或用发酵豆腐水等，引诱成虫。也可以利用成虫的趋光性装置黑光灯诱杀成虫。

（3）人工摘除虫苞。人工摘除虫苞至越冬的苹小卷叶蛾化为成虫出现时结束。

（4）化学防治。在早春刮除树干、主侧枝的老皮、翘皮和剪锯口周缘的裂皮等后，用旧布或棉花包蘸敌百虫 300～500 倍液，涂刷剪锯口，杀死其中的越冬幼虫。

（十二）梨花网蝽

梨花网蝽属半翅目，网蝽科，别名梨网蝽、梨军配虫。成虫和若虫居于寄主叶片背面刺吸为害。被害叶正面形成苍白斑点，叶片背面因此虫所排出的斑斑点点褐色粪便和产卵时留下的蝇粪状黑色，使整个叶背面呈现出锈黄色，易识别。受害严重时候，使叶片早期脱落，影响树势和产量。如图 7 - 20 所示。

图 7 - 20 梨花网蝽为害症状　　**图 7 - 21 梨花网蝽成虫**（孙瑞红提供）

1. 形态特征

梨花网蝽成虫体长 3.5 毫米左右，扁平、暗褐色。头小，复眼暗黑色。触角丝状4 节，前胸背板有纵隆起，向后延伸如扁板状，盖住小盾片，两侧向外突出呈翼片状。前翅略呈长方形，具黑褐色斑纹，静止时两翅叠起，黑褐色斑纹呈"X"状。前胸背板与前翅均半透明，具褐色细网纹。胸部腹面黑褐色常有白粉。足黄褐色。腹部金黄色，上有黑色细斑纹。卵长椭圆形，一端略弯曲。初产淡绿色半透明，后变淡黄色。幼虫共 5 龄，初孵若虫乳白色，近透明，数小时后变为淡绿色，最后变成深褐色。3 龄后有明显的翅芽，腹部两侧及后缘有 1 个环黄褐色刺状突起。成长若虫头、胸、腹部均有刺突，头部 5 根，前方 3 根，中部两侧各 1 根，胸部两侧各 1 根，腹部各节两侧与背面也各有 1 根。如图 7 - 21 所示。

2. 发生规律及习性

梨花网蝽每年发生代数因地而异,长江流域 1 年 4～5 代,北方果区 3～4 代。各地均以梨网蝽成虫在枯枝落叶、枝干翘皮裂缝、杂草及土、石缝中越冬。在北方果区次年 4 月上中旬开始陆续活动,飞到寄主上取食为害。由于成虫出蛰期不整齐,5 月中旬以后各虫态同时出现,世代重叠。1 年中以 7—8 月为害最重。成虫产卵于叶背面叶肉内,每次产 1 粒卵。通常数粒至数十粒相邻产于叶脉两侧的叶肉内,每只雌虫可产卵 15～60 粒,卵期 15 天左右。初孵若虫不太活动,有群集性,2 龄后逐渐扩大为害活动范围。成、若虫喜群食叶背主脉附近,被害处叶面呈现黄白色斑点,随着为害的加重而斑点扩大,直至全片叶苍白,叶背和下边叶面上常落有黑褐色带黏性的分泌物和粪便,并诱致霉病发生,影响树势和来年结果,对当年的产量与品质也有一定影响。为害至 10 月中下旬以后,成虫寻找适当处所越冬。

3. 防治方法

(1) 人工防治。成虫春季出蛰活动前,彻底清除果园内及附近的杂草、枯枝落叶,集中烧毁或深埋,消灭越冬成虫。9 月间在树干上束草,诱集越冬成虫,清理果园时一起处理。

(2) 化学防治。关键时期有两个,一个是越冬成虫出蛰至第 1 代若虫发生期,成虫产卵之前,以压低春季虫口密度;二是夏季大量发生前喷药,农药可用 90% 晶体敌百虫 1 000 倍液、50% 杀螟松乳剂 1 000 倍液、50% 对硫磷乳剂 1 500 倍液、2.5% 溴氰菊酯等菊酯类农药 1 500～2 000 倍液等,连喷两次,效果较好。

(十三) 舟形毛虫

1. 形态特征

舟形毛虫以幼龄幼虫群集叶面啃食叶肉,残留叶脉和下表皮,被害叶呈网状。幼虫稍大则将叶片啃食成缺刻,以致全叶被食仅留叶柄,常造成全树叶片被吃光,不仅产量受损,而且易造成秋季开花,严重影响树势及下一年产量。

2. 发生规律及习性

舟形毛虫每年发生 1 代,以蛹在寄主根部附近约 7 厘米深处土层内越冬。第二年 7 月上旬至 8 月中旬羽化出成虫,7 月中旬为羽化盛期。成虫昼伏夜出,具有较强的趋光性,交尾后 1～3 天产卵,卵多产在叶背面,每头雌蛾产卵 1～3 块,平均产卵 300 粒,最多者可产 600 粒以上。卵期 7～8 天。幼虫 5 龄、3 龄以前的幼虫群集在叶背为害，早晚及夜间取食，群集静止的幼虫沿叶缘整齐排列，且头尾上翘，遇振动或惊扰则成群吐丝下垂。3 龄以后渐分散成小群取食，白天多停息在叶柄上。老熟幼虫受惊扰后不再吐丝下垂。幼虫在 4 龄前食量较少，5 龄时食量剧增。9 月份幼虫老熟后陆续沿树干爬下树，入土化蛹越冬。

3. 防治方法

（1）在幼虫为害初期，可利用其群栖习性加以捕杀。在成虫发生期利用其趋光性，于傍晚用黑光灯诱杀或点火堆诱杀。

（2）在幼虫发生期喷布阿维菌素 2 000 倍液，或灭幼脲 3 号 2 000～3 000 倍液，或力富农 50％可湿性粉剂 2 000～2 500 倍液。

第三节　化学农药在生产中的安全应用

一、化学农药安全使用原则

根据中国绿色食品发展中心 1995 制定的《生产绿色食品的农药使用准则》、2004 年发布实施的《无公害食品樱桃》、2005 年发布实施的《无公害食品落叶核果类果品》中的有关规定，在防治樱桃病虫害时，要遵守下列农药使用准则。

（一）严禁使用的农药

严格禁止使用剧毒、高毒、高残留或者具有致癌、致畸、致突变的农药，如对硫磷、甲拌磷、久效磷、乙拌磷、甲基对硫磷、甲胺磷、甲基异柳磷、氧化乐果、磷胺、克百威、涕灭威、灭多威、杀虫脒、三氯杀螨醇、克螨特、六六六、滴滴涕、林丹、氟化钠、氟乙酰胺、福美胂及砷制剂等。禁止使用一些对环境和人体有害的调节剂类，如萘乙酸、比久、2,4－D（2,4－二氯苯氧乙酸）等。

（二）允许有限度使用的农药

1. 每年最多只能使用 2 次，且最后一次施药距离果实采收期应相隔 20 天以上的主要农药有：大生 M－45、甲基托布津、多菌灵、克可湿、福星乳油、菌毒清、百菌清、扑海因、代森锰锌、阿维菌素乳油、吡虫啉、灭幼脲 3 号、辛脲乳油、蛾螨灵、马拉硫磷、辛硫磷、尼索朗、螨死净、哒螨灵、蚜灭多、卡死克、扑虱灵、抑太保、力富农、灭幼酮(噻嗪酮)、卡死特、灭蚜松、米螨、艾美乐、阿克泰、莫比朗、科博 7、腈菌唑等。

2. 每种农药每年最多只能使用 1 次,且施药距离采收期间隔要在 30 天以上的主要农药有:乐斯本、抗蚜威、功夫乳油、灭扫利、桃小灵、敌敌畏、杀螟硫磷、歼灭、溴氰菊酯、氰戊菊酯等,还包括天然的植物生长调节剂类(赤霉素类、细胞分裂素类等)和抑制生长、促进成花、提高果实品质及产量的其他生长调节物质(PBO、矮壮素、乙烯利等)。

3. 允许使用矿物源农药、植物源农药、微生物农药,但在果实采收前 10 天内不能直接用在果实上。常用的微生物农药主要有:农抗 120、多抗霉素、抗生素 S-901、抗菌剂 402 乳油、苏云金杆菌(B. t)、果蔬利、虫满光、白僵菌粗菌剂、OS 施特灵等;常用的植物源农药主要有:蔬果净、苦参氰、茼蒿素、绿保威乳油、烟草浸泡液、0.29,6 苦皮藤素乳油、绿树神医 9281、除虫菊素、植物油、鱼藤根、大蒜素、苦楝、川楝、芝麻素、辣椒水、草木灰等;常用的矿物性农药主要有:石硫合剂、硫悬浮剂、波尔多液、多硫化钡、绿乳铜、柴油乳剂等。

4. 允许释放寄生性、捕食性天敌动物,允许在害虫捕捉器上使用昆虫外激素。

二、化学农药防治樱桃病虫害的原理

(一)化学农药防治樱桃病害的原理

使用农药进行病害防治,就是应用化学保护剂和化学杀菌剂杀死或抑制病菌侵入树体及病原物的生长发育,对未发病的植株进行保护或对已发病的植株进行治疗,从而起到防止或减轻病害的方法。农药防治病害的作用原理如下。

1. 保护

在病菌侵入树体之前,使用对树体有保护作用的药剂保护植株及其周围环境,杀死或阻止病菌,使其不能侵入树体,从而起到防病、保护树体的作用。在杀菌剂中有一种是保护性杀菌剂,将其均匀地喷到树体表面,形成一层致密的药膜,这个药膜透气透光也透水,但能有效杀死接触到它的病菌,达到保护作物不受病菌危害的目的。

2. 治疗

当病菌已侵入树体或已发病,就必须使用具有内吸性的杀菌剂。它能渗透到树体内,也能被植物传输,起到在树体上周身杀菌的效果。

3. 免疫

免疫就是将药剂输导入健康树体内,诱导树体内部产生具有杀菌或抑制病菌生长的特殊物质,从而起到提高树体抗病能力、限制或消除病菌侵染的作用。

4. 钝化

对感病较轻的植株可以采用某些金属盐、氨基酸、维生素、植物生长素和抗生素等物质,这些物质导入植物体后,能影响病毒的生物活性,起到钝化病毒的作用。病毒钝化后,其侵染力和致病性均显著降低。

5. 拮抗

某种生物及其所分泌的物质对同类生物的生长、繁殖等活动有一定的抑制作用,称作同种生物的拮抗作用。利用这种拮抗作用的机制,使用农用青霉素、链霉素等生物药剂防治病害,以达到以菌治菌的作用。

(二)化学农药防治樱桃虫害的原理

使用农药防治虫害,是一种高效、快捷的防治方法。农药对害虫的致死作用机制主要有以下几种。

1. 胃毒

有些农药只有被害虫吃进胃中,才能对消化系统起到毒害作用。当害虫食用喷过农药的枝、叶、果等物质后,药剂随同这些物质一同到达害虫的消化系统中,从而引起害虫中毒。

2. 触杀

药剂直接喷洒在虫体上或虫体在枝叶等物上接触到农药后,农药透过害虫的体壁进入体内或封闭了害虫身体上的气门,使昆虫中毒或窒息而死亡。一些菌类制剂被虫体接触后,则可使害虫染菌感病而死,这些菌类对植物体无害。

3. 内吸

在树体上或土壤中施用具有内吸作用的农药,这些农药可通过根系、叶片等器官被树体吸收,并伴随着树内营养液被传导到树体各部分,害虫吸食树液或采食枝叶后,引起中毒。这种农药对刺吸式害虫防治效果明显。

4. 拒食

有些农药被害虫食用后,并无明显的毒害作用,而是引起害虫的生理功能紊乱,造成食欲减退、停食,最后因饥饿而死亡。

5. 忌避

有些农药对害虫无毒害作用，但某种害虫不喜欢这种农药的气味，闻到后立即避开，不再采食为害。

6. 不育

有些化学药剂只对昆虫的生殖系统有破坏作用，昆虫采食后产的卵不能孵化，失去了繁殖能力，从而导致灭亡。

7. 熏蒸

农药熏蒸剂是农药气化后，以气体状态被害虫吸入体内，使其中毒死亡。

三、化学农药防治樱桃病虫害的方法

（一）弥雾法

将可溶解在水里的农药（乳油制剂、可湿性粉剂）用水稀释后配制成需要的浓度，用喷雾器把药液雾化，均匀细致地喷洒在树体上。喷雾器的压力要大，雾化程度高、雾滴小、附着力强，药效好。弥雾法是最常用的方法，用药量较少，防治效果好。

（二）喷粉法

用喷粉器将粉剂农药喷到树体上、地面等物体上。喷粉的时间最好选早晨有露水、无风天气，药粉要喷洒均匀。不溶于水的农药一般使用喷粉法，喷粉用药量大，易随风漂移，易被雨水冲刷掉，但工效高。

（三）浸泡法

对樱桃来说，浸泡法主要用于种苗的处理。如干腐病菌、线虫等微生物通过种苗传播很快。我们可以把种苗全株浸泡在药液里，杀死病菌和害虫，可有效地防止病虫害传播。

（四）土壤处理法

很多病虫害是通过土壤进行传播、为害的，如根癌病、蛴螬等根部病虫害，可用药液处理土壤，杀死或抑制土壤中的害虫和病菌，以降低或消除其危害。土壤施药的主要方法有土壤表面喷洒药液、土壤撒毒土后浅锄和药液浇灌等。在土壤中直接用药,可导致土壤污染、降低土壤中有益微生物繁殖活动量,也会影响树体发育,应减少应用次数。

(五)输液法

即将药液注射到树体内部,通过树体内的导管使药液流通到树体各部分,发挥杀菌作用的方法。其具体方法是:在直径达到5厘米以上的树干上用粗度5毫米左右的钢钉打1个3～6厘米深的小洞,然后把输液管针头固定在小洞内,盛装药液的瓶子吊挂在高于小洞1.5米以上的树体上(或其他物体),调控药液流速,以药液不流出树体外为度。该法对于系统侵染病害防治效果较好。

(六)熏蒸法

在温室等比较密闭的空间,利用二氧化硫等烟熏剂对树体及整个空间进行熏蒸,从而达到消灭病菌的作用。比如,在温室樱桃栽培或苗木、枝条等在室内消毒,均可采用熏蒸法。

(七)涂抹法

对于枝干病害、伤口或仅在个别枝条上发生虫害(如介壳虫等)时,可用内吸性农药涂抹在病部或害虫发生部位,进行局部治疗。

(八)注射法

当天牛类等蛀食性害虫在枝干上蛀食为害时,用黏泥土或毒签堵塞虫道下端的几个虫眼,用注射器向最上端的虫眼内注射农药,然后封眼,可杀死树体内的害虫。

四、化学农药防治樱桃病虫害的安全应用

(一)化学防治与其他防治方法相结合

1. 提高树体抗性
在生产中,通过选用抗病品种、加强树体管理、施有机肥料、改善通风透光条件

等措施,使树体生长健壮,从而提高树体的抗病虫能力,是病虫害综合防治的重要措施之一。

2. 搞好果园卫生

果园卫生包括清除落叶和杂草、剪除病虫枝梢、摘除病虫果、刮除老翘皮,并带出园外集中烧毁。其目的在于及时铲除或减少果园内外的病虫初次和再次侵染来源。

3. 利用害虫生活习性

某些害虫在某一发育时期有群居性、假死性、趋化性等特点,可利用这些特点在有利时机进行捕杀。如舟形毛虫在小幼虫期群居于一个叶的背面,只需摘叶捕杀即可。绝大部分害虫的成虫具有趋光性,果园设置黑光灯,在晚上诱杀,或人工设置害虫喜欢栖居的场所,诱杀害虫等,减少化学农药的使用次数。

(二)对症下药

1. 根据防治对象,正确选择农药

化学农药一般分为杀虫剂和杀菌剂。杀菌剂又分为细菌性、真菌性和内吸性。杀虫剂一般分为内吸剂、胃毒剂、触杀剂。在发现樱桃树体生长不正常时,要仔细观察,首先要分清是病害还是虫害,什么病害,什么虫害;分清是细菌类还是真菌类病害;是刺吸式口器的害虫还是咀嚼式口器害虫。

一般细菌性杀菌剂只对由细菌引起的病害有效;真菌性杀菌剂只对由真菌引起的病害有效;内吸性杀菌剂对真菌、细菌都有较好的疗效。刺吸式口器的害虫需要采用内吸杀虫剂,或内吸剂与触杀剂混用;咀嚼式口器害虫需要采用胃毒剂,或胃毒剂与触杀剂混用。

2. 根据病虫害发生的不同时期,正确选择农药

病虫害发生的时期不同,采用的农药也不相同。早期预防,重点使用保护性杀菌剂,如普德金,或喷富露,或大生富等。已经染病的树体,要选用治疗性内吸杀菌剂纳米欣、金力士、多菌灵等追杀已经侵入的病菌,通过其内吸传导作用杀死病菌,控制病斑的扩展和蔓延。进入雨季前,雨季病害发生轻微的果园可用保护性杀菌剂防止病菌的再次入侵。而夏季多雨时节,发病较重的果园则需要交替使用保护性杀菌剂和内吸性杀菌剂。休眠期使用铲除性杀菌剂。虫害在卵期使用杀卵剂等。

3. 根据病虫害的发生规律,进行化学防治

各种病虫害都有其发生规律。我们要了解樱桃园主要病虫害的发生规律,防治时就可以选择在其最不耐药和最易防治时期进行药物防治。

4. 科学复配农药,提高药效

有时一个果园内既有病害也有虫害,或同时有几种病害发生,不能一种病害喷 1 次农药,而是要选择一种可以兼治的复配农药,或选择两种农药混配后使用,这样既能减少农药使用次数,也能提高药效。但在复配农药时需注意,碱性农药不能和酸性农药混合使用,杀菌剂不能和微生物农药混合使用。

5. 交替使用不同农药

如果连续使用同一种农药,病虫会对该种农药产生抗性。病虫的抗药性还表现为"同类抗性",即病虫对某种农药产生抗性后,对毒性作用机制相同或致毒物质结构相似的其他药剂也产生抗性。抗药性的产生导致喷药次数增加、使用浓度不断提高、药效会逐渐下降。因此,生产上不要连续使用同一种或同一类农药,要不同类型的农药交替使用或混合使用,才能有效防止害虫产生抗药性。

(三)适时防治

1. 早期预防

要根据前一个生长期病虫害的发生情况,或根据地区病虫害预测预报,做好早期预防工作。

2. 及时防治

如樱桃病虫害较轻,只要抓住关键的药剂防治时期,全年仅需用药 2～4 次即可。如春季芽鳞片开裂露绿期,也正是病菌、害虫刚刚开始活动期,此时全园喷布能杀菌、杀虫、杀卵、杀螨的石硫合剂,是病虫害防治的最佳时期。

3. 定期防治

杀虫剂与杀菌剂都有一定的有效期。杀菌剂的持效期为 7～10 天,无公害杀虫剂的持效期为 7～20 天。如在雨季进行病害防治或防治发生严重的病虫害时,不要加大用药浓度,而要根据农药的持效期定期连续用药,控制病虫害发展。

第八章　果实采收及商品化处理

第一节　樱桃的采收

一、采收前的准备工作

（一）技术培训

采收前，组织采收人员认真学习樱桃果实采收的相关知识，使他们懂得采收的重要性，提高采收人员思想认识，培养他们在采收过程中自觉地按技术规程操作的习惯。

（二）工具准备

采果前，必须把采果需要的工具准备齐全。主要工具是：果实分级板、采果剪、采果篮、周转筐、包装盒、采果梯或高凳等。采果篮内应衬垫棕皮或柔软布袋或塑料薄膜，以减少果皮伤口。采果篮不宜太大，以能装果2～3千克为宜。短途转运的周转筐内也要像采果篮一样有柔软的衬垫物。采果梯应用双面梯，既可调节高度，又不至于靠在树上损伤枝叶和果实。

（三）果实预冷及贮存车间试运行

有果实预冷设备和贮藏设备的单位在采果前要将通风、预冷降温设备进行修缮和试运行，搞好场地消毒，以确保采收的果实能安全处理、入库保存。

（四）搭建采收棚

在果园内搭建采收棚，方便临时存放采收的果实。

二、采收时期的确定

适时采收是保证樱桃果实品质，提高果实贮藏能力的重要环节。果实在生长发育过程中,只有到了一定阶段,才能表现出特有品质。从可以采收到完全成熟,樱桃果实大小还能增加35%。采收过早,果实未充分成熟,果个小,着色差,含糖量低,含酸量高,品质低劣,不耐贮藏;采收过晚,成熟度过高,果肉衰老加快,不适合长途运输及长期贮藏。有的品种还会发生"鸟果"或落果,影响产量和质量。

确定樱桃采收期主要应根据果实的成熟度、市场需求及果实的用途来确定。

(一)果实成熟度

主要依据果实发育天数、果皮色泽、果肉硬度、口感和果个大小等综合因素确定。樱桃果实的成熟度分为3种:一是可采成熟度。此时果实的物质积累过程基本完成,果实大小已基本定型,但应有的风味和色泽还没有充分表现出来,果肉硬度较大,食用品质稍差,此时采收的果实适于远途运输、长期贮藏及加工。二是食用成熟度。此时果实已表现出该品种固有的色、香、味,食用品质最好,此期采收适于就地鲜食销售、短距离运输和短期冷库贮藏。三是生理成熟期。果实在生理上已达到充分成熟的状态,此时果肉硬度下降,开始变软,甜味增加,食用品质开始下降,一般采种的果实在此期采收。

(二)果实用途

用于本地鲜食销售的果实,在食用成熟期采收,随熟随采。用于长途外调销售的果实应早采3~5天,以便于贮藏运输。用于加工的樱桃果实,因需要一定的酸度和硬度,果实发育到八成即可采收。

大樱桃这样挑选最好吃

挑选樱桃有四看,即颜色深,果梗鲜,根蒂凹,光泽润。

一般水果生长都遵循一个规律,产地昼夜温差越大,水果就会越甜。颜色深的樱桃一般较甜,颜色浅的大多发酸。而且,颜色深的樱桃花青素含量高,自然更营养。

在选购时记住,果梗是判断新鲜程度的重要标志。樱桃刚采摘的时候,果梗为绿色,放久了,便开始发黑,营养也就大打折扣,不建议购买。

挑选时,可多注意樱桃根蒂处的形状,这个地方越凹,樱桃会更甜。

成熟的樱桃光泽一定比较好。成熟健康的樱桃表皮会呈现出水果天然圆润的光泽,而那些暗淡无光、蔫蔫的樱桃,手感往往也是软绵绵的,不够新鲜,口感也不好。

三、樱桃采摘方法

(一)采收时间

樱桃采收应在早晨露水干后进行,具体以在 10 点以前或 15 点以后为宜。此时间段内气温不太高,果实呼吸较缓慢,容易保持果实的品质。在正午高温下采收,樱桃体温较高,呼吸作用较强,不利于贮藏。同时,为减少浆果的腐烂,也不宜在雾天、雨天或雨后树上水分未干以及刮大风时采收。

(二)采果方法

鲜食樱桃须人工采收,加工果实多采用机械化采收。樱桃肉质脆嫩,果皮薄,不抗挤压和摩擦,因此采收人员应精细采摘。

摘果的顺序,应是先外后里,由下而上。采摘时,手捏果柄,用食指顶住果柄基部轻轻掀起,即可带果柄摘下,也可以用采果剪剪果柄采摘。注意保护果柄,不要生拉硬拽,以利于保鲜存放。采摘树体上部的果实时,不要直接上到树体上采摘,要站在高凳或采果梯上摘果,既要避免碰掉果实,又要防止折断果枝。果实要轻轻放入果篮,不准抛掷,枯枝杂物不要装入篮内,果篮只能装九成满。将果实从果篮转入周转箱(或箩筐)时,要轻拿轻放,不可倾倒。采收过程应仔细操作,轻拿轻放,尽量避免擦伤等硬伤,保持果实完好。篮筐内装果不宜太满,以免挤压或掉落。一般每人每天可采摘 40～70 千克果实。

(三)分批采收

樱桃同一品种在适宜的采收期内,不同株间或同一株树树冠的不同部位的果实成熟度也会相差很大。因此,应考虑分期分批采收。优先采收树冠外围和上层着色好的大果,后采内膛果、树冠下部果和小果。分期采收可使晚采的小果增大,色泽变佳,增加产量,提高果实品质。分期采收应掌握好成熟度和采收时间,以防果实成熟度不够或过熟,或在采收果实时碰落留下的果实。

小贴示

大樱桃采摘辨别存储技巧

樱桃采摘时间:5月中旬—6月底,最佳的采摘时间当然是开园之后越早越好,果子多,品种也多,采摘选择也多!

采摘樱桃注意事项:如果喜欢吃较甜的樱桃,建议选择颜色红中泛紫的樱桃。已经熟透了的樱桃,采摘回家,放进冰箱冷藏,吃的时候特别甜。如果想保留的时间长一些,樱桃尾部的把儿一定要留下,不然没有把儿的樱桃,特别不容易保存,而且底部容易坏掉! 如果喜欢吃甜中带酸的樱桃,选择红的比较鲜艳的即可,这样没有完全熟透的樱桃会略微带有一点酸味。

这里普及一个小知识,如果樱桃太酸或有苦涩味,那可能和品种有关系,或者是种植方法的问题。施用过度的化肥虽然能增产很多,但是跟施用天然有机肥种出的樱桃口感是没法比的。

樱桃采摘注意事项

(1)樱桃采摘的季节为夏季,天气比较炎热,多数采摘园都是露天朝阳,所以建议做好防晒避暑工作。

(2)采摘园多在郊外、山丘,属于户外休闲活动,建议穿着徒步鞋、旅游休闲鞋,着便装。

(3)雨后建议不要前去采摘,樱桃被雨水浇过后果实的甜度就会下降,影响口感和味道。

(4)多数樱桃园的樱桃可以采摘下来直接食用,或者用湿纸巾擦拭后食用更安全。

(5)正确的樱桃采摘方式是一只手扶住采摘的树枝,另一只手捏住樱桃的根茎,轻轻下拧,避免损伤果树。

　　（6）采摘樱桃根据自己的实际需要情况采摘，请勿浪费果实，同时需爱护果木，禁止攀爬上树摘果。

四、田间果实处理

（一）晾放散热

　　采摘下来的果实，在采果棚下或园中干净的阴凉处摊开晾放0.5～2小时，释放果实内的田间热。特别是没有预冷处理设备的地方，下午采摘的果实含热量很高，需要将果实温度降到15～20℃时再包装，防止闷捂产生高温使果实易变质腐烂。绝不可将果实堆放在阳光下暴晒，以免果实在高温下因呼吸增加而使果实变软影响其商品性。

（二）果实初选

　　刚采收的果实在晾放散热期间，要尽快进行初选，剔除病果、僵果、烂果和树叶等杂物。没有预冷车间的此时应进行果实分级。

　　有预冷车间的果园，果实初选后应迅速装入田间果实周转箱，及时运往预冷车间内进一步处理。果实在田间存放的时间越短，工序越少越好，尽量缩短晾放时间。

　　用果箱或周转箱盛装果实时，内衬软垫，轻装轻搬，防止运输中碰伤、压伤。

第二节　樱桃果实商品化处理

　　樱桃果实的商品化处理是水果从生产者到消费者之间的一个重要环节，是将树上采下的果实运到包装房（厂），经过选果、清洗、杀菌、涂蜡、干燥、分级、贴标和包装等一系列程序，使果实整洁美观，达到标准化、规格化、商品化。水果包装成件，便于贮藏、运输、销售及管理。

　　树上采下的果实大小不均、果面污染、病虫伤害以及采摘、包装、运输中造成的机械损伤,若不经过商品化处理,果实显得杂乱、无光泽、不整洁,将降低商品价值,影响销售。经商品化处理的果实,商品质量高,深受消费者欢迎。

一、果实预冷处理

因樱桃采收季节气温较高,采收后果实带有大量的田间热,如不经预冷而直接入库集中堆放,这时果温较高,果实呼吸作用旺盛,就会产生大量的呼吸热,加快果温升高,影响果实贮藏寿命,甚至由于过高的果温而加速樱桃的腐烂。因此,樱桃采收初选后,应尽快放入冷库预冷,尽量缩短采后至入冷库的时间。在 2～10 小时内降到 4 ℃ 左右,预冷后再进行分级包装。有条件的樱桃园,可以建立果实在低温下的操作链(即冷链运作)。采收的果实从进入预冷车间开始,在冷库内分级、包装与保鲜贮藏,用空调车、空调集装箱运输、进入低温货柜等操作过程一直是在 4 ℃ 左右的低温下进行。樱桃主要预冷方式如下。

(一)自然预冷

将采收后的果实晾放在阴凉通风处,利用昼夜温差自然降温,散去果实内所带的田间热。没有预冷车间的樱桃园可采取这种预冷方式。这种方法降温时间长,预冷效果差。

(二)冷气预冷

将果箱放入密闭的预冷车间,果箱与果箱之间应有通风间隔。从预冷车间的一端通入 1 ℃ 左右的冷气,冷气的流速应为 1～2 米/秒,从预冷车间另一端的上方排出热气。

(三)水预冷

将果实放入 1 ℃ 左右的冷水里降温,冷水以 7～10 升/秒·平方米的流量流动,大约 15 分钟就能使果实温度降到 4～5 ℃。外运的樱桃果实为了防止腐烂,在用冷水预冷时,可在冷水中加入(100～150)×10⁶ 的活性氯,可有效地抑制多种真菌病害的发生。水预冷后的果实应立即风干,使果面没有水迹。所以,一般实行水冷和风冷结合预冷。

（四）风预冷

在果实包装线上设一冷气槽，用 1 ℃左右的冷空气以 3～4 米/秒的速度从冷气槽流过，从而冷却包装线上的果实。此方法约在 30 分钟内使果实冷却为 4 ℃左右。

二、果实清洗消毒

果实清洗消毒进行得越早越好。可以在预冷后进行，也可以在预冷过程中进行，或结合水预冷同时进行。没有水预冷程序的可进行药剂（如 2％氯化钙溶液）喷淋处理。经过喷淋处理的果实既可降低果温，又进行了初步的保鲜处理。加入的药剂还可起防治腐烂及处理部分生理性病害、延缓衰老的作用。随后立即放入冷库。如果有清洗、打蜡、烘干自动化处理程序的，则没有必要进行洗果消毒处理。

果实清洗消毒的目的有 3 个：一是除去果实表面的污垢，使之洁净美观。二是洗净果面喷洒的药剂。果实在生长期间，为了提高果实品质，会喷洒一些防裂果、耐贮运的药剂或微量元素，虽没有毒害，但有碍于人体卫生。三是洗除病菌，保护果面，以减少果实腐烂损失。

三、果实分级

（一）分级标准

我国现在因樱桃栽培面积较小，产量有限，还无正规的分级标准。各樱桃产区往往根据销售的地区以及承销商的要求进行分级。以下分级标准仅供参考。

1. 中国樱桃分级标准

主要根据果实大小和色泽、观感将其简单区分。中国樱桃品种群中作为鲜食栽培的多为红色品种，单果重一般在 1～3 克。一般果实全红或紫红，单果重在 2.5 克以上，无浮尘、无伤、无病虫危害的果实为特级果；果实全红或紫红，单果重在 2～2.5 克，无浮尘、无伤、无病虫危害的果实为一级果；果实全红或紫红，单果重在1.5～2克,无伤、无病虫危害的果实为二级果。中国樱桃品种群的果实因生长期短,成熟期早,一般没有病虫危害,不需要农药防治,所以果实基本为无污染果品。

2. 甜樱桃分级标准

甜樱桃分级主要是根据品种、果实大小、着色程度、果面损伤、果形、新鲜度和病虫害等因素而定。

特级果实要求单果重大于10克。具本品种的典型色泽,深色品种着色全面,黄色品种着红色面达2/3以上。具有本品种的典型果形,无畸形果,果面鲜艳光洁,无擦伤、无果锈、无病斑和日灼。带有完整新鲜的果梗,不脱落,无破裂口,无碰压伤,无病虫害。

一级果要求单果重8～9克。具本品种的典型色泽,深色品种着色全面,黄色品种着红色面达1/2以上。具有本品种的典型果形,无畸形果,果面鲜艳光洁,无擦伤、无果锈、无病斑和日灼。带有完整新鲜的果梗,不脱落,无破裂口,无碰压伤,无病虫害。

二级果要求单果重6～7.9克。具本品种色泽,深色品种着色全面,黄色品种着红色面达1/3以上。具本品种的典型果形,允许有5%的畸形果,果面鲜艳光洁,无擦伤、无果锈、无病斑和日灼。带有完整新鲜的果梗,不脱落,无不愈合的伤口,无病虫害。

三级果要求单果重4～5.9克。深色品种着色全面,黄色品种略着红色。具本品种的典型果形,允许有15%的畸形果,果面较洁净,允许有10%以下的轻微污斑果,有果梗,允许有10%的无梗果,无不愈合的伤口,无病虫害。

（二）分级方法

国外大多采用电脑控制的自动分级机。国内的甜樱桃栽培面积现在正在迅速地发展,在甜樱桃集中栽培区或面积较大的甜樱桃生产农场可采用自动分级生产线,能显著地降低生产成本。目前国内主要采用的是人工分级。

人工分级方法有两种:一是目测法。按照要求凭人的视觉判断,此法分级标准容易受操作人员心理因素的影响,偏差较大。二是用选果板分级。选果板上有一系列直径大小不同的孔,按果实等级规格依次将孔的直径增大。分级时,将果实送入孔中漏下即可。采用此法分级的果实,同一级别的果实大小基本一致,偏差较小。人工分级效率低,准确性较差。

四、果实包装

（一）果实包装

樱桃的包装应具备以下几方面的作用：

① 樱桃果实较软，不耐挤压、不耐摩擦、不耐碰撞，要求包装材料要质轻而坚固，能经受较重的压力，而不致破裂，无不良气味。

② 樱桃果实为易失水型的鲜果，要求包装材料要有一定的保湿性、吸湿性，又要有一定的透气性，能兼顾其呼吸，以免缺氧呼吸，发酵变质。

③ 樱桃不耐压，堆积的厚度超过 15 厘米，果实会出现挤压。所以，包装箱的高度也不宜超过 15 厘米。包装箱应大小一致，以便于果实的整齐排列和计数。一般批发市场销售的包装箱以盛装 5～6 千克为宜；在零售市场直接销售的包装箱以盛装 2～3 千克为宜；在超市销售的包装容器以盛装 0.5～1 千克为宜。

④ 具观赏性。在国际和国内，樱桃都是高档水果，包装要漂亮、精美、大方，要有一定的艺术性。包装容器的内侧平整光滑，不能刺伤果实。

（二）包装方法

包装应在低温包装车间、冷库或冷凉的环境条件下进行，避免风吹日晒和雨淋。无论何种包装，装果实时，先将一个塑料袋放入箱内，待樱桃果实装够重量以后，放入保鲜剂，将塑料袋盖好并封箱。外销用的包装要求较为严格，先在箱底放上泡沫塑料，将果实整齐地摆放入印有商标的袋内，做到紧密而不积压，装好、称重以后，在上面垫两张衬纸，再封盖。

包装好的果实按级别标识、码放，堆码时要考虑最下层箱子的承受力，不要堆得太高以防压坏底层包装箱。包装好的果实应立即运往销售市场，或运往贮藏冷库保鲜贮藏。

五、包装标识标志

在樱桃的各类包装箱体上除了一些彩印的图画以外，还要有品名、级别、品种、容重、产地、生产者、条识码和商标等主要信息,通过国家无公害或绿色果品生产认证的生产园,要有无公害或绿色果品的标志和认证号码。另外,还要有不可倒置或防止重压等标志。

六、运输与销售

(一)果品运输

对樱桃果品运输的要求:一是及时快速运输,缩短运输时间和环节,否则营养价值和商品价值受到严重影响;二是在运输中避免机械损伤,做到轻装轻卸;三是在短途运输时,防止行车颠簸,相互碰撞,造成损伤;四是防热防雨。运送果实应在夜间气温适宜时进行,远销樱桃可采用调温运输车、船或飞机运输;五是应在采果后 24 小时内迅速运往各销售市场。

装车之前,要彻底检查车况是否正常,同时对车厢进行彻底地清扫、消毒。加冰保温车在装车之前 1～2 小时之内装好冰块和食盐,并开动风扇使车内温度迅速降低。低温车也要预先制冷,待车内气温不高于－4 ℃时开始装入预冷过的樱桃。有低温运输条件的,在温度为 1～－1 ℃、空气相对湿度为 85％～90％的环境中运输比较理想。未经过预冷的樱桃不必预先对运输车降温。装车时要注意堆放牢固,防止在运输过程中由于车厢的晃动而引起倒垛。贮运过程中,注意通风换气,防止冷害或高温发生。

> **小贴示**
>
> ### 樱桃用泡沫箱运输的注意事项
>
> 樱桃是当下的一种热销水果,销量非常好,所以运输量非常大。一般樱桃都是用泡沫箱运输的,但是一些新的水果供应商却发现用泡沫箱运输回来的樱桃并不是那么理想。因为有些樱桃非常干,为什么会这样呢?那是因为新的水果供应商不知道有很多需要注意的事项。
>
> 樱桃用泡沫箱运输时不注意就会使樱桃变得很干,丧失掉樱桃特有的酸甜口味。因为樱桃在运输过程中会不断地自动进行化合反应,不断发热。而泡沫

箱又是非常密封、非常保温的。所以泡沫箱内部温度会不断增加。而樱桃的保鲜的温度适合在 4℃左右,所以想使樱桃用泡沫箱运输后不干燥就应该在泡沫箱里加冰块。或者用其他降温的东西代替。

(二)果品销售

自产自销的小型果园要根据销售量定量采收。大面积果园或实行外销的果园,一定要通过各种渠道建立销售网络。樱桃销售网络的建立主要有以下渠道:

(1)外销　积极与国外果品销售公司联系,或和国内果品外贸公司联系,建立互信的合作关系。

(2)内销　与国内已有果品销售网络的公司、果品超市及各城市的果品批发市场、商贩联系,建立定期或不定期的供货关系。

(3)宣传　通过因特网、电视等各种媒体宣传,吸引客户。

(4)建立销售网络　在樱桃销售量大的城市设立代销公司、专卖店、批发点,建立自己的销售网络和运输、送货队伍。

第三节　樱桃果实保鲜贮藏

一、果实采前注意事项

(一)果实选择

首先,要选择耐藏的品种。不同的品种,其耐贮运性能不同。一般果肉较硬、果皮较厚与抗病性强的品种较耐贮运。其次,选择晚熟品种。樱桃最早熟的品种与最晚熟的品种成熟期相差 30 天以上,选用晚熟品种对延长樱桃销售期效果更明显。我国幅员辽阔,适宜樱桃栽培的区域气候差异较大,早熟栽培区的早熟品种 4 月中旬已开始上市,而在大连等晚熟栽培区最晚熟的品种 7 月初才成熟,相差两个多月。如果选用 6 月底、7 月初成熟的果实进行保鲜贮藏,樱桃的供应期就可延长到中秋节,其贮藏附加值更高。对于新引进的品种,宜先做贮藏试验,不可盲目用来贮藏。

（二）采前药剂处理

准备用来贮藏的樱桃，可在樱桃幼果期、硬核期、着色期分别喷施 1.5%～2% 浓度的硝酸钙或 0.5% 氯化钙溶液，抑制各类霉菌的侵入和潜伏，以提高果实贮藏性。

（三）采收时机要适宜

选择采收八九成熟，果实充分着色但尚未软化的果实。贮藏的樱桃必须带果柄采收。带雨采收及采前 3～4 天下雨，果园灌水的果实不耐贮藏，故应避开这段时间。

二、果实采后处理

（一）精心选果

用于长期贮藏的果实，要精心挑选，剔去机械损伤果、裂果、无柄果、病果、小果和过熟果等。如图 8-1 所示。

（二）保鲜处理

长期贮藏的果实采收后，最好经过果实清洗、防腐消毒、预冷等处理。液体防腐保鲜剂主要有（100～150）×10⁶ 的活性氯、0.1% 噻苯达唑、0.5% 邻苯基酸钠和 0.5% 维生素。将其按照产品的使用浓度配制成水溶液，然后用自动喷淋装置喷淋，或用喷雾器喷洒，或将果实放入药液中浸泡，喷淋和浸渍后要及时沥干，防止因湿度过高而造成果实腐烂。

有条件的可配合防腐、涂膜保鲜剂进行涂膜处理。涂膜后具有抑制果实呼吸，保持

图 8-1　樱桃分拣

养分，抑制灰霉病、炭疽病与黑斑病等病害发生的功能。

（三）保鲜包装

经上述处理后的果实，果面无水后才可以在低温包装车间包装。包装袋要小一些，每袋 1.5 千克左右，并配以包装箱。包装袋可采用专用的果蔬气调保鲜袋，贮藏效果较好。

短期贮藏，可采用普通包装袋，但要注意选择无毒和透气性较好的 0.06～0.08 毫米厚的薄膜袋。包装袋内可放入 CT2 号保鲜剂，用量是 1 包/千克，每袋用大头针扎两个透眼。樱桃装袋后扎口置于 1～4 ℃温度下即可，可贮藏 10～20 天。若采后及时预冷，低温下包装，并马上充入 20%～25%的二氧化碳，可获得更好的贮藏效果。

三、保鲜贮藏方法

（一）低温库冷藏

樱桃冷藏适宜温度为 -1～1 ℃，相对湿度在 90%～95%，在此条件下，甜樱桃贮藏期可达 30～40 天。将经过预冷的果实装箱，置于温度为 0～5 ℃、空气相对湿度为 85%～90%的冷库中，一般可贮藏 20～30 天。果实入贮前库温降至 4～6 ℃甚至还可稍低一些，入贮后使果温迅速降至 2 ℃以下，要保证恒定低温高湿条件。大型冷库耗能多，降温慢，风险较大，可采用小型自动冷库。

（二）气调贮藏

樱桃可耐较高浓度的二氧化碳。气调贮藏的指标是：温度 0～1 ℃，二氧化碳 20%～25%，氧气 3%～5%，空气相对湿度 90%～95%。气调贮藏分气调袋贮藏和气调库贮藏。

1. 简易硅窗气调袋贮藏

是用无毒的聚氯乙烯气调袋或用塑料膜做成袋，其上镶嵌一个能自动调节袋内气体成分的硅窗膜，达到控制气体成分，以延长果实贮藏期的一种方法。其原理是：依靠果实本身的呼吸作用达到减少氧气，增大二氧化碳的浓度，并利用气调袋或硅窗对气体的选择透性，调节贮藏环境气体组成，实现自发气调。这种方法也是以低温贮藏为基础,操作简便,成本低,保鲜效果好。在−1～1℃、空气相对湿度90%～95%的环境中,硅气调袋只需开始充一次10%二氧化碳,甜樱桃贮藏35天后,好果率达94.59%以上。

2. 气调库贮藏

气调库有大型气调库和小型气调库。现代化气调库贮藏樱桃,只需根据要求输入各项参数,气调库能够自动调节库内温度和各种气体含量。但大型气调库耗能多,降温慢。小型10～20吨的柔性气调库调气方便,出库容易,而且设有较多的观察取样口,可随时洞察库内的果实变化情况,适合贮藏樱桃。

(三)减压贮藏

减压保鲜贮藏的原理是降低气压,配合低温高湿的条件,对果品进行贮藏。必须在0℃左右和90%的空气相对湿度条件下,进行减压。通常压力越低,贮存效果越好。气压控制在0℃、53.3千帕,每4小时换气1次,甜樱桃可保鲜40～70天。

(四)冰窖贮藏

冰窖贮藏需要大量的冰块来维持低温,窖的大小可根据贮量而定,将窖底及四周均匀铺上预先准备好的50厘米厚的冰块,然后将果箱堆码其上,一层果箱一层冰块,并将间隙处填满碎冰。堆好后顶部覆盖约1米厚的稻草等隔热材料,以保持温度相对稳定。贮期将窖温控制在0～2℃。

果实在入库前,贮藏库都要进行消毒处理,消毒剂以CT−高效库房消毒剂为佳,库温在果实入库之前应降温。冷库内果箱要按品种、等级堆垛,并保持垛形整齐,垛与垛之间要留有0.5米的空间,箱或筐之间要留有1～2厘米的空隙。堆垛要离墙面20厘米,低于库内喷风管0.5米,垛底要垫15厘米高的木料,还要留有1.2米宽的通道。正常贮存时库内温度在0℃左右,变化不应超过1℃。空气相对湿度保持在90%以上。气调库内二氧化碳浓度不宜超过30%。

第四节　樱桃产品深加工

大樱桃是中国北方落叶果树中继中国樱桃之后果实成熟最早的果树树种。因此,早有"春果第一枝"的美誉。在调节鲜果淡季,均衡周年供应和满足人民生活的需要方面,有着特殊的作用。大樱桃果实含有较丰富的营养物质,对人的身体有一定的营养价值。中医药学认为,大樱桃具有调中补气,祛风湿的功能。大樱桃管理用工少,生产成本低,经济效益高,适宜在辽宁、山东、陕西、河南、河北、贵州等地栽培。截至 2015 年初,中国樱桃产量约为 60 万吨,人均约 429 克,相当于每人有大樱桃 40 个或中国樱桃 150～170 个。可见樱桃具有广阔的市场前景。

辽宁、山东等地都是我国樱桃种植的大省,随着樱桃产量越来越多,当地人们逐渐将发展的眼光锁定在深加工上。随着大樱桃生产的快速发展,樱桃罐头、樱桃酒等一些深加工项目开始兴起,为大连市大樱桃产业的发展开启了新路子。

据了解,樱桃经过深加工,主要的产品有两种,一种是用酒精浸泡的酒精果,一种是染色果。酒精果可出口欧洲,作为巧克力果品原料。染色果有两种销售方式,一是出口日本,作为食品的点缀使用;二是余下的产品在国内销售,制成各种罐头销售。

虽然这几年大连的樱桃发展比较快,但多以果型大、含糖量高、软果质的品种为主,适宜深加工的品种却很少。樱桃品种的不同对深加工的影响很大。比如,那翁和拉宾斯这两个品种的果质比较坚硬,做出的罐头及深加工的产品品质保持得比较好、状态完整。其他品种因水分较大、糖分较高,故做出的产品形态保持不完好,不是果裂了,就是瘪瘪的,不适宜深加工。

樱桃食品加工对品种有一定的要求,但作为大樱桃深加工的另一个项目,樱桃酒的加工就没那么严格了,不但对品种没有要求,即使是品质的要求也不高。一些樱桃深加工的先行者,也开展了樱桃酒加工的研究,从这几年做酒来看呢,效果还挺不错。

大樱桃在我国栽培已有 100 多年的历史,但深加工却一直处在一个起步阶段,而樱桃罐头、樱桃酒这些大樱桃深加工项目是近两年才逐步兴起的,相比越来越高的樱桃产量,深加工手段还是太少,深加工的潜力还很大。

一、樱桃浓缩澄清汁

1. 生产工艺流程

选料→洗果→热烫→榨汁→杀菌和冷却→酶化→澄清过滤→浓缩→冷却→调配→杀菌→灌装贮藏。

2.技术要点

（1）选料、洗果、热烫及榨汁。先将樱桃洗净，再在不锈钢或铝夹层锅中加热到65℃，在冷却前立即榨汁。

（2）杀菌和冷却。采用片式加热器加热到85℃，维持15秒后迅速冷却至45℃，以杀死果汁中的微生物。

（3）酶化、澄清及过滤。当樱桃汁冷却至37.7℃后，按重量加0.1%的果胶酶制剂，并在此温度下保持3小时后再加热到85℃左右，最后再冷却至37℃左右，经澄清、过滤得到澄清的樱桃汁。

（4）浓缩及调配。通常采用真空浓缩机浓缩，浓缩到1/5～1/7，糖度为60%～65%，并将总酸含量调配至2%～2.8%。

（5）杀菌、灌装及贮藏。将浓缩透明的果汁，进行90℃，30秒钟的多管式热交换器杀菌后，迅速冷却到85℃，装入内涂料的大罐中，经脱气后加盖密封，倒置2分钟，然后冷却至30℃以下贮藏。

二、樱桃混浊汁

1.工艺流程

原料选择→洗果→去核→热烫→打浆→过滤→调配→脱气→均质→杀菌→灌装→封口。

2.技术要点

（1）原料选择。选择色泽鲜艳、风味佳、充分成熟的樱桃，剔除病虫果、未熟果、腐烂果和树叶、杂质，小心摘掉果梗。

（2）洗果。在冷水（10℃）中冲洗果皮表面污物，最好能浸泡一段时间，但浸泡时间不要超过12小时。因樱桃果实表面农药残留量低，一般不需用酸液或碱液浸泡。

（3）去核。去核可以提高榨汁时的出汁率。

（4）热烫。在不锈钢或铝夹层锅中加热至65℃约10分钟，以煮透为度。

（5）打浆。用网孔直径为0.5～1.0毫米的打浆机打浆。果浆中加入浆重0.04%～0.08%的L-抗坏血酸，以防氧化。

（6）过滤。果浆通过60目尼龙网压滤，除去粗纤维、较大的果皮、果块等。

（7）调配。按饮料中果浆含量在 40%～60%，可溶性固形物（按折光计）含量调到 14%～16%，可用 45%～60% 的过滤糖浆；用柠檬酸液调果浆可滴定酸含量至 0.37%～0.40%（以苹果酸计）。

（8）脱气、均质。果汁调配后进行减压脱气，以减轻以后工序中的氧化作用。然后用高压均质机进行均质，使饮料中的果肉颗粒进一步细微化，增进其稳定性。

（9）杀菌、灌装及封口。将调配好的果汁加热至 93～96 ℃，保持 30 秒钟。趁热装入杀菌后的热玻璃瓶中，也可使用纸塑制品或易拉包装盒。灌装温度不低于 75 ℃。装后立即封口，在 100 ℃ 沸水中杀菌 15～20 分钟，取出后分段用冷水冷却至 38 ℃。

3. 质量要求

用颜色红艳的樱桃加工出来的混浊汁呈深红色或暗红色，黄樱桃品种加工出来的樱桃呈黄白色，具有樱桃本身所具有的果香味，无异味。汁液混浊均匀，久置后允许稍有沉淀。原果浆含量不低于 40%，可溶性固形物含量 14% 以上（按折光计），酸含量 0.37% 以上（以苹果酸计）。

三、糖水染色樱桃

1. 工艺流程

选料→分级→清洗→硬化→清洗→预煮→冷却→染色→漂洗→装罐→加糖水→封口→杀菌→保温检查→成品。

2. 技术要点

（1）选料。选择成熟度在八至九成适于罐藏的果实，如那翁、滨库等，剔除带病虫害、机械伤的不合格果并摘除果柄。

（2）分级。按果实的大小分成三级，分级标准：3～4.5 克，4.6～6 克，6.1 克以上。

（3）清洗、硬化。洗去果实表面灰尘，漂去果实中的树叶杂质，然后放入 1.5% 的明矾溶液中浸泡 24 小时，进行硬化处理，可降低樱桃果实的煮烂率。

（4）预煮、冷却。先将樱桃用尼龙网袋分装好再进行预煮。预煮时的温度和时间随果实成熟度的不同而不同。一般要求是八成熟时在 100 ℃ 沸水中煮 90 秒，九成熟要求水温为95℃,时间为90秒。煮后立即捞出置流动水中迅速冷却,务必使其冷透。预煮水与樱桃果之比最少应为20∶1。

(5)染色。染色液的配制比例为,水50千克,胭脂红32.5克,苋菜红17.5克,柠檬酸10克,混合均匀后调节酸碱度为4.2左右,加入经预煮冷却好的樱桃果35千克,浸泡染色24小时。染色液的水温为25℃左右,染色液与樱桃果之比为10∶7。

(6)漂洗、固色。从染色液中取出果实用清水漂洗一次,洗去浮色,然后用0.3%的柠檬酸水,对已染色漂洗过的樱桃果浸泡24小时,进行固色。固色液与樱桃果之比为4∶1,水温20～25℃。最后用清水把固色后的樱桃淘洗两遍,沥干水后即可装罐。

(7)装罐、加糖水、封口。根据罐的大小和规定的净重装入樱桃果,然后加入一定量的糖水。加入的糖水后液面与罐顶要保留6～8毫米的空隙,封盖后罐顶空隙为3.2～4.7毫米,不宜过大或过小。封罐之前要进行排气,使罐头封盖后能形成53.3～60千帕的真空度。

(8)杀菌。将封装好的罐头放在100℃的沸水中5～15秒钟,取出后立即用符合卫生标准的水冷却至37℃左右。

(9)保温检查。杀菌处理后的樱桃罐头,还要存放在37℃的库房内保存5天左右。期间注意检查倒垛。

(10)成品。包装前先用干布将罐头擦干净,打号,涂上一层防腐剂,然后贴上商标,即可装箱出厂。

3.质量要求

果个大小均匀,无皱缩及明显的机械伤,果形整齐,色泽较一致;果肉不低于净重的60%;糖水浓度在14%～18%之间,较透明,允许含少量不引起浑浊的果肉碎屑;具有糖水樱桃罐头应有的风味。

四、蜜饯樱桃

蜜饯食品是大众比较喜欢的一种休闲食品,有着广阔的市场前景。本文要介绍的是消费者较为青睐的樱桃蜜饯,主要以当季新鲜樱桃为原料加工,吃起来甜而不腻,而且还略带酸味,对开胃消食还有一定的好处。下面是对樱桃蜜饯的加工工艺介绍：

1. 工艺流程

原料选择→洗净→水煮→糖渍→糖煮→静置→糖煮→沥糖→晒干→成品。

2. 技术要点

（1）选果。选择成熟度达八九成果实。

（2）去果柄、果核。去核时用特制工具：将竹筷削成三角形，每边安针 1 枚，绑紧。将针尖从果顶刺入，用力一推，果核即从另一端脱出。去核的损耗约为 30%。

（3）腌渍。去核后，按重量每 100 千克果加明矾 7 千克、食盐 3 千克、水适量，以淹没果实为度。经过腌渍的樱桃，红色褪去，质地变紧密。腌 4～5 天，捞起沥干，在清水中漂 4～5 天，中间换水 1 次，漂去明矾、食盐之后，将果实沥干。

（4）糖渍。每 100 千克果用糖 100 千克，糖宜分次加入，以免果实皱缩。一般分 3 次加入，相隔时间的长短，以糖加入后完全溶解为标准，一般相隔 1 天。

（5）装罐。待果实吸收糖液表现出饱和状态后，将果实捞起。糖卤用铜锅加热，于其中加入鲜橘红天然染料，每 100 千克果加 60 克左右，调匀，冷却后倒入装樱桃的容器中即成。

3. 质量要求

蜜饯樱桃为金黄色或琥珀色，有光泽，含糖饱满，颗粒完整，质地柔软具韧性，风味甜纯爽口。

4. 注意事项

（1）为防止蜜饯返砂，可加入适量柠檬酸，以保持糖煮液中含有机酸 0.3%～0.5%，使蔗糖适当转化。

（2）糖制品贮藏温度以 12～15 ℃为宜，相对湿度控制在 70%以下。

（3）为防止蜜饯变色，可在樱桃去核后，用盐水护色。避免使用铁铜材料制造的器具，尽量加快加工速度，减少氧气的接触与缩短受热时间。

（4）在加工、贮藏中加强卫生管理，控制成品的含糖量和含水量，以防止蜜饯发酵长霉。对低糖制品，可适当添加防腐剂。

（5）糖煮过程中以文火煮制为宜，使糖液逐步渗入。若原料成熟度高，第一次糖煮时，糖溶液浓度可适当提高。这些措施对减少碎片和软烂有益处。

五、樱 桃 酒

(1) 筛选樱桃,以备进一步加工。

(2) 在新鲜樱桃汁中加入糖、食用酒精、活性干酵母、偏重亚硫酸钾、苯甲酸钠等,搅拌均匀,封存置于 20~25 ℃ 的环境中发酵 8~12 天。

(3) 将发酵过的樱桃汁去沫,再加入活性干酵母菌种,拌匀后继续封存置于 20~25 ℃ 的环境中发酵 40~60 天,过滤陈酿,去除沉淀物再过滤。

(4) 调配所需酒精含量(一般樱桃酒为 11°或者 38°),存放精滤即得到酿好的樱桃酒。其樱桃酒果味纯正,香醇可口,保持了鲜樱桃特有的风味和樱桃的有效营养成分。

樱桃酒的家庭酿制方法步骤如下:

(1) 选料(图 8-2)。熟透的樱桃,不能有霉烂、斑点、裂果等。

 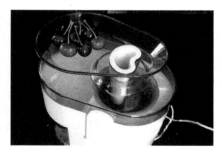

图 8-2 选料 图 8-3 破碎

(2) 破碎(图 8-3)。将成熟的红樱桃用清水冲洗干净后,除去果梗和果核,放入经过消毒的榨果汁机,要注意不要使用铁、铜等金属的工具和容器(或用干净铝勺在杯中经消毒)将樱桃粉碎。

(3) 发酵(图 8-4)。发酵是将樱桃汁中的糖分经酵母的作用产生酒精和二氧化碳,樱桃酒的前发酵过程是皮汁混在一起的,酵母在樱桃破碎时已进入汁中。发酵的温度最好在 15~25 ℃,一般不超过 32 ℃,用小型容器发酵,散热较容易。一般 5 千克樱桃加 5 克酵母。

(4) 压汁(图 8-5)。方法是用洁净的布袋或纱布,进行挤压或扭压,樱桃酒液即流出来,称为原酒。这时候可以加糖,大多数人的习惯是觉得樱桃酒应该是甜的,因此，需将樱桃酒进行加糖调配，加糖量 12% ～ 14%，溶解糖时要用原酒搅拌溶解。为了尽快发出酒香，可以加点白兰地酒、纯净水进行调剂，酸甜适口的樱桃酒就制成了，但如果在容器中密闭贮存 2 个月以上，则酒的风味更加醇厚。

图 8 - 4　发酵　　　　　　　　图 8 - 5　压汁

六、樱桃果酱

樱桃 400 克、麦芽糖 150 克、细砂糖 120 克、柠檬 1 个、水 100 毫升。

（1）柠檬洗净，榨出果汁备用。

（2）樱桃去梗，对切后取出果核。

（3）将处理好的果肉全部放进耐酸的锅子中，加入柠檬汁用中火煮滚。

（4）转成小火并加入麦芽糖继续熬煮，熬煮时必须用木勺不停搅拌。

（5）待麦芽糖完全溶化后便可加入细砂糖，继续拌煮至酱汁呈浓稠状即可。

第九章　樱桃保护地栽培

用于樱桃保护地栽培的设施类型有日光温室、塑料大棚、防雨篷帐、遮阴棚等。我国目前生产上应用较多的有塑料大棚和日光温室。塑料大棚和日光温室主要是利用其增温和保温性能，促使果实提早成熟、早上市，利用时间差来提高其商品价值。

甜樱桃的塑料大棚栽培是我国目前甜樱桃保护地栽培的主要形式，多是利用原有的，已结果的甜樱桃树进行扣棚。所以，要求塑料大棚比较高大，一般高5～7米。由于棚室的保温效果差，在不进行人工加温的情况下，只能提早15天左右成熟。即使这样，由于目前我国的甜樱桃设施栽培面积极小，因此，经济效益也非常高。如烟台市福山区利用大棚栽培甜樱桃18亩，平均每亩产量为970千克，每亩收入达到19 400元（提早上市15天），而露地栽培，每亩产量为543千克，每亩收入5 430元，大棚栽培比露地栽培增产427千克，每亩增收13 970元。

甜樱桃的日光温室栽培目前正处于研究开发与试生产阶段。其优点是投资少、保温效果好、管理费用低，一般可使甜樱桃提早一个半月左右成熟，其经济效益更高。

第一节　日光温室建造

一、日光温室及其组成

日光温室一般是指东西走向，坐北朝南，东、西、北三面是墙，南为采光面（前屋面），以太阳能为主要能源的温室。我国目前生产中推广的温室多为第三代高效节能日光温室。在建造材料上，各地根据当地实际情况因地制宜、就地取材。由于造价低、容易建造、冬季不需要加温，所以节省能耗，经济效益高，受到农民的普遍欢迎。

（一）日光温室的功能

日光温室的功能主要有采光、储热、调温、调湿、防风、换气等六个方面。由于日光温室主要靠太阳能维持室内的温度，因此，冬季连阴天较多的地区和年份风险较大。

（二）日光温室的组成

日光温室主要由后墙、东西山墙、后坡、采光面、缓冲间、保温苫、通风口和田面八个部分组成（图9-1、图9-2）。

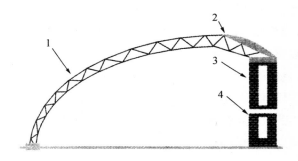

图9-1　钢筋砖墙温室结构示意

1—前室面（钢筋骨架）；2—后坡；3—后墙；4—通风口

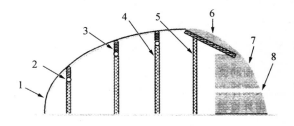

图9-2　竹木土墙温室结构示意

1—前室面（竹片或竹竿骨架）；2—悬梁；3—吊柱；
4—腰柱；5—中柱；6—后坡；7—后墙；8—通风口

1. 后墙及东西山墙

由砖、石或夯实土、草泥筑成。主要功能是支撑屋面，阻挡室内外热量的交换，起到蓄热保温效果。白天墙体吸收太阳能并转化为热能，夜间释放出热量，为温室增温。墙体的结构有两种类型，一种是单质墙体，即由单一的砖、石、夯实土或草泥筑成；另一种是由多种材质（砖、土、石、煤渣、泡沫板材等）分层复合组成。

2. 后坡

由杧、檩、椽等组成，其上铺垫秫秸、草泥、煤渣、乱草或水泥预制板等。主要功能是连接前屋的采光面、后墙及东西山墙，保温及承受草苫等重物。

3. 采光面

由透明的覆盖材料和支撑构架（拱架、拉杆、立柱等）组成。透明覆盖材料可用塑料薄膜、PVC板、玻璃等透光质，透光质既可使太阳辐射能的主要部分即可见光，顺利通过，又可阻止地面和空气等放出的长波辐射能的透过。这样当太阳光透过透光质达到温室内后，既可满足植物光合作用对光的需要，又可被田面、后墙和后坡等吸热体吸收，使自身增温；夜间当空气温度下降时，吸热体释放出热量为温室增温，使温室维持在一定的温度水平。

4. 缓冲间

一般在日光温室的东山墙或西山墙开设一个门，并在门的外面盖一间小房，即为缓冲间。其作用主要是防止冬季的冷空气直接进入温室，造成门口处温度过低，同时可用做临时休息室、换衣室或贮藏室。

5. 保温苫

为了防止夜间采光面散热，在采光面上覆盖草苫、保温被等保温覆盖材料。北方严寒地区，为了增强保温能力，外保温覆盖材料可设两层：第一层为主要覆盖层，多使用草苫、保温被等；第二层为辅助覆盖层，使用时垫于透光质与主要覆盖层之间，多使用由几层牛皮纸合成的纸被、旧塑料薄膜、无纺布等。早晨日出后，气温回升，将外覆盖层卷起来置于后坡上面，以使阳光照射室内，温室积蓄热量；傍晚室内气温降至一定程度时，放下保温材料，以便保温。

6. 通风口

为了调节温室内的温度、湿度及空气，一般在温室后墙及采光面的透光质上设有通风口。通过对通风口的开闭来调节温室内的温、湿、气等，满足植物生长发育的需要。后墙上的通风口一般每隔3米设一个，口径600厘米左右，通风口距地面100厘米。

7. 田面

田面是温室内用于种植生长的地面。

用于生产甜樱桃的日光温室通常东西长60~80米、宽7~8米，脊高3.1~3.5米。

二、日光温室的采光设计

日光温室是以太阳能为主要热源的温室。在秋、冬、春进行生产时外界气温很低,因此,对建筑结构上的要求是:充分采光、严格保温,以满足樱桃树生长发育和结果的需要。所谓充分采光,就是要在室内截取最大值的光能,从建筑结构上要注意以下几个方面:

(一)日光温室的方位

我国北方严寒地区,日光温室均为坐北朝南,东西延长建造。在建造方位上,有人主张偏东好,理由是上午光合作用比下午强,偏东可早些接受直射光。但生产实践证明,在我国北方严寒的冬季,不加温的日光温室不能过早地揭开草苫,否则室内温度不仅不能上升,反而下降,实际上是太阳出来后的一段时间才能揭开草苫。因而,温室的方位还是偏西一些好,以延长中午以后强光照射时间,有利于夜间保持较高的温度。在辽宁、河北东北部及山东,一般日光温室的方位偏西3°~5°为宜。

(二)前屋面采光角度与形状

日光温室向阳面多为塑料薄膜的采光屋面,与地平面构成的夹角叫屋面采光角(图9-3)。屋面某一点处的法线(屋面某一点处的切线的垂直线)与太阳光线的夹角为太阳光线的入射角。屋面采光角的大小与太阳高度角(太阳光线与地面所呈的角度)形成不同的光线入射角,由于入射角不同,光线的反射损失量也不同。而太阳高度角又随季节变化而变化,同一时期不同纬度的太阳高度角也不相同。冬至前后每隔一个节气,太阳高度角约增加4°,到夏至达到最大。

太阳光线照射到日光温室的采光屋面上发生3种作用:一是透光质(塑料薄膜)及其附着物产生的吸收;二是被透光质反射掉;三是透过

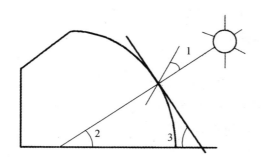

图9-3　温室前屋面采光角、光线入射角及太阳高度角

1—入射角;2—太阳高度角;3—切点处采光角

透光质进入温室。其关系可用如下公式表示：

$$吸收率 + 反射率 + 透过率 = 100\%$$

从目前来看，温室光线透过率的大小主要取决于反射率的大小。反射率越小，透过率越高。

反射率大小与光线的入射角关系最密切。当光线的入射角为0°，也就是太阳高度角加屋面采光角等于90°，这时反射率为0，光线透过率最大。此时的采光角为理想的前屋面采光角。但这是不容易做到的，如在北纬40°的地方，冬至日正午的太阳高度角为26.6°，则屋面采光角应为90° − 26.6° − 63.4°。温室要做到这样大的采光角，势必要大大提高中脊高度，或缩小温室的跨度，不仅保温困难，更主要的是这个采光角只在冬至日一个短暂的时间里称为理想采光角，其他时间多不存在。

由图9 − 4可知，当太阳光线的入射角在0～40°范围内变化时，随着入射角增大，透过率略有下降，但下降总幅度不超过5%，即冬至日中午太阳高度角与温室采光角之和为50°时，光线透过率下降幅度不大，所以一般多以50°为参数，设计温室前屋面采光角。如北纬40°地区设计日光温室，太阳高度角为26.6°，理想屋面采光角应为90° − 26.6° − 63.4°，合理屋面采光角计算以50°为参数，应为50° − 26.6° = 23.4°。

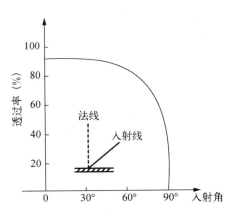

图9 − 4　入射角与光线透过率的关系

一般温室前屋面采光角平均在20°～30°。冬季实际生产中，温室前屋间的中底部尤其是中段为冬春季樱桃生产的主要受光面，两者的面积应占前屋面的3/5～3/4。至于接近屋脊的上段部分，主要考虑便于拉放草苫和排除雨雪堆积等。为了增加温室前屋面的采光角，目前高效节能日光温室的采光屋面一般设计为双弧面半拱圆形。

（三）后坡面的仰角与宽度

后坡面应保持一定的仰角，仰角小势必遮阴太多，后坡面的仰角应视使用季节而定，但至少应大于当地冬至正午时太阳的高度角，以保证冬季阳光能照满后墙，增加后墙的蓄热量。后坡应保持适当的宽度，以利于保温。太原市政府蔬菜办公室的赵忠爱等多点调查表明，在外界温度为－20℃时，前屋采光面和后坡面的投影宽度为4米和2米时，温室内最低温度为8.5℃；5.5米和1.5米的温室，室内最低温度为5.9℃。即加宽后坡的宽度有利于保温，但后坡面太宽，春秋季室内遮阴面积大，影响后排樱桃树的生长、果实品质和产量。后坡面的宽度要兼顾采光和保温两个方面，一般后坡在地面的水平投影宽度在1米左右。

（四）相邻温室的间距

相邻两排温室间距小，会造成前排温室对后排温室的遮阴，间距大了浪费土地。必须在后排温室采光不受影响的前提下，尽量缩小间距。

计算前后排温室间距的方法是：依据温室的高度（加上卷起的草苫高度，一般按0.5米计算）、当地地理纬度和冬至日正午的太阳高度角，依下列公式计算：

$$S = H/\tan H_0 - L_1 - L_2 + 1$$

式中，S——前后两排温室间距。

H——温室中高（含卷起草苫）。

$\tan H_0$——当地冬至日太阳高角的正切值。

L_1——温室最高点到后墙内侧水平距离。

L_2——后墙底宽。

例如，温室高为3.5米，卷起草苫后为4.0米，北纬40°，冬至日正午太阳高度角为26.6°，其正切值为0.5，后坡面水平投影1.0米，后墙底宽1.5米，代入公式：

$$S = 4.0/0.5 - 1.0 - 1.5 + 1.0 = 6.5 \text{ 米}$$

即后排温室的前底脚至前排温室的后墙根应为6.5米（图9-5）。

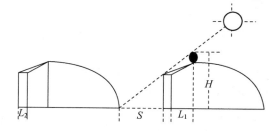

图9-5　前后排温室遮阴示意

（五）温室的长度

温室适当长一些可减少两边山墙遮阴面积的比例，增加有效面积，但温室过长，管理不便。一般温室长度在 60～80 米为宜。

三、日光温室的保温设计

保温设计主要包括墙体、后坡面、前屋面保温材料、防寒沟及出入门口的设计。

（一）墙体

由于生产樱桃的日光温室一般不设加温设备，因此，墙体设计不仅要让墙体具有一定的承重和隔热能力，还要具有较强的蓄热功能。白天要大量蓄热，夜间要源源不断地向室内放热，以延缓室内气温的下降。

日光温室的墙体目前有两种类型：一是单质墙体，二是复合墙体。单质墙体由单一的土或砖、石块砌成。复合墙体一般内外层是砖，两砖间是垫有保温材料的中间夹层，中间夹层填充的保温材料有干土、煤渣、珍珠岩等。由表 9-1 可见凡有填充保温材料的墙体，日光温室内最低气温均比未填充任何材料的中空夹层墙的高。

表 9-1　不同隔热材料墙体的保温性

材料	中空	珍珠岩	煤渣	锯末
室内最低气温（℃） 与中空之温差（℃）	6.2	8.6 2.4	7.8 2.6	7.6 1.4

第二代日光温室墙体建筑参数：

后墙：① 砖砌空心墙体。内墙为 12～24 厘米砖砌墙（石头也可），外墙为 24 厘米砖或空心砖砌墙，中间为 10 厘米珍珠岩隔热层，构成 50～60 厘米厚的异质复合多功能墙体。② 石、土（草）复合墙体。石砌墙基部厚 50 厘米，上部厚 40 厘米，内墙垂直，外墙斜面。墙外培土，厚度大于当地最大冻土层 30～50 厘米。③ 土、土（草）复合墙体。夯打 50～60 厘米厚土墙或草泥垛墙，外部培土，使墙体的复合厚度比当地冻土层大 30～50 厘米。两侧的山墙用土墙或砖砌，厚度相当于当地最大冻土层厚度的 2/3。

（二）后坡

后坡仰角一般比当地冬至日正午太阳高度角大 5°～10°。后坡面覆盖材料以贮热保温材料为主，封闭要严。以秸秆和柴草为主时，底铺和外覆的总厚度达到当地最大冻土层厚度的 2/3～4/5。

（三）前屋面覆盖材料

前屋面是温室的主要散热面，通过对前屋面的覆盖，可以阻止散热，达到保温的效果。

目前，我国前屋面外侧覆盖材料主要是草苫、纸被等。草苫是传统的覆盖材料，它是由苇箔、稻草编织而成的。高质量的草苫单层覆盖可提高温室温度 1～3 ℃。在寒冷地区，常在草苫下铺一层由 4～6 层牛皮纸复叠而成的纸被。草苫下加一层纸被，不仅增加了空气间隔层，而且弥补了草苫稀松的缺点，从而提高了保温性。据测试增加一个由 4 层牛皮纸叠合而成的纸被，可使室内最低气温提高 3～5 ℃，层数越多，保温性能相应提高。纸被的保温性虽好，但投入高，易被雪水、雨水淋湿，寿命短、管理不便、费工。

（四）防寒沟

设置防寒沟是为了防止热量的横向流失，提高室内地温。防寒沟一般设在温室前沿外侧，宽度 40～50 厘米，深度 40～60 厘米，沟内填干土、干草或其他隔热材料，可使室内前沿 5 厘米地温提高 4 ℃左右。防寒沟要封顶，以防雨水、雪水流入，降低防寒效果。

（五）出入门口

为便于进出温室，温室山墙应设一个进出口（门）。进出口一般设在东墙或西墙上。为防止操作人员进出温室时冷风灌入室内，应在进出口外设一个缓冲间，缓冲间门向南，严寒时节最好也要挂上门帘。

四、日光温室内各变化规律

（一）日光温室内光照变化规律

由于温室固定不透明部分的遮阴、前屋面透光质对光的吸收和反射、透光质对透光率的影响等原因，温室内的光照一般只有外界自然光照的70%～80%，如图9－6所示。

表9－2给出了3种类型温室的光照分布状况。如把室内分为前部、中部和后部进行测试，矮后墙长后坡温室的前部相对光强为85.2%，中部为64%，后部为43.7%；高后墙短后坡温室前部相对光强为73.8%，中部为69.5%，后部为49.0%；高后墙无后坡温室的前部相对光强为85%，中部为56.5%，后部为45.6%。从以上测试数据分析，其规律是一致的。长后坡矮后墙温室的前部光照最强，中部较弱，后部最弱。无后坡温室前部光强与长后坡相近，中部和后部都较弱；高后墙短后坡温室虽然前部光强不如长后坡和无后坡温室，但是中部和后部光照条件较好，说明此种温室的设计是比较合理的。

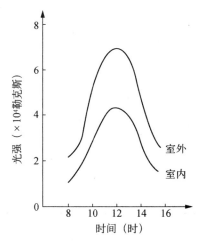

图9－6　温室内外光强变化规律

表9－2　不同类型日光温室内光照强度的分布

温室类型	测试日期（年，月，日）	室内不同部位光强						室外光强（×10⁴勒克斯）
		前部		中部		后部		
		光强（×10⁴勒克斯）	%	光强（×10⁴勒克斯）	%	光强（×10⁴勒克斯）	%	
矮后墙长后坡温室	1991.01.23	1.97	85.2	1.48	64.0	1.01	43.7	
高后墙短后坡温室	1990.12.22	2.93	73.8	2.76	69.5	1.95	49.0	3.97
高后墙无后坡温室	1989.12.08	1.77	85.0	1.44	56.5	0.95	45.6	2.07

注：采光面为半拱圆式。

日光温室内的光照状况与采光角度、形状、选用的薄膜和管理水平等有关。

（二）日光温室内气温变化规律

由于温室内热量的来源主要是太阳能,因此,在冬季温室内空气的温度则与外界光照强度、温度及温室的保温、蓄热、密闭性有关。由图9-7可知,温室内外气温的变化是一致的。另外由表9-3可知,室内外温差最大值出现在最寒冷的1月,以后随外界气温的升高,通风量的增大,室内外温差逐渐缩小。据各地测定的资料表明,日光温室内1月份的平均气温与室外4月份的平均气温接近。

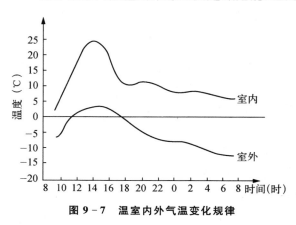

图9-7　温室内外气温变化规律

表9-3　不同时期温室内外气温变化情况

项目	时间					备注
	12月	1月	2月	3月	4月	
温室内(℃)	16.1	14.2	16.5	17.8	21.5	辽宁省熊岳地区
温室外(℃)	-5.0	-7.1	-4.3	0.9	13.9	
内外温差(℃)	21.1	21.3	20.8	16.8	7.6	

冬季晴天室内气温日变化显著。12月份和第二年1月份最低气温一般出现在刚揭草苫之后,大约在8点左右,而后,室内气温上升,9~11点上升速度最快。不通风情况下,平均每小时升高8℃左右,12点之后,气温仍在上升,但变化缓慢,13点达最高值,13点后气温缓慢下降,15点之后下降速度加快。盖草苫后,室内短时间内气温会回升1~2℃,而后就非常缓慢地下降,直到次日揭草苫时。夜间气温下降的数值不仅取决于天气条件,而且取决于管理技术、措施和地温状况。塑料日光温室用草苫和牛皮纸被覆盖时,夜间气温下降4~7℃,多云、阴天时下降1~3℃。

日平均气温水平方向上分布不均,距北墙3~4米处最高,由此向北向南呈递减状态。在高温区附近气温在南北方向上的差异不大。在前沿附近和后坡之下,气温梯度较大,可达1.6℃/米。白天前坡下的气温高于后坡,夜间后坡下的气温高于前坡。

由于山墙遮阴和墙上开门的影响,气温在东西方向上也不相同,近门端气温低于远离门的一端。

晴天最高气温出现在 13 时左右,比室外稍有提前。阴天时,最高气温出现的时间随太阳高度和云层的厚薄而变化,通常出现在云层薄而散射光较强的时刻。

温室内夜间最低温一般出现在刚揭草苫时。最低气温的水平变化一般表现为从北向南递减,后坡下的最低气温比距前沿 1 米处的最低气温可高 1 ℃。

(三) 日光温室内土壤温度变化规律

由于温室效应,在冬季温室内的土壤温度与外界不相同。熊岳农业专科学校观测,在 12 月下旬,当室外 0~20 厘米平均地温下降到 -2.7 ℃时,温室内平均地温为 10.8 ℃,比外界高 13.5 ℃。1 月下旬,外界地温仍在 0 ℃以下,而温室内中部 5、10、15、20、25 厘米的地温分别是 14.35 ℃、12.25 ℃、12.20 ℃、12.8 ℃和 13 ℃。由此说明,在温室内,从地表到 25 厘米深处,都有较高的增温效应,但以浅层增温最多。即地表到 20 厘米处温度变动较大(白天、晚上),而 25 厘米以下则趋于相对稳定状态。另外,白天、晴天的上层温度高、下层温度低,晚上或者阴天,特别是连阴天,则下层的温度反过来比上层的高。这是因为晴天有外来热量的补给,地表首先被加热,温度由地表向深层传递;而在晚间或者阴天时,温室没有或基本没有外来热量补给,温室空气温度降低后,土壤要与其发生热量交换。土壤中热量传递给温室空气后,越是靠近地表处,交换和辐射出来的热量越多。

水平方向在一天中的不同时刻地温分布也不相同。在温室内实际存在着一个高温区,高温区的中心在距北墙内侧 1~2 米处。高温区的范围是:南侧距温室前底脚 1 米,北侧距北墙内侧 0.5 米,东侧距东山墙 4 米,西侧距西山墙 6 米(出口在西侧)。这个高温区在白天和晚上、晴天和阴天都存在,但晴天时比较明显且有向南扩展的趋势。

(四) 日光温室内空气湿度变化规律

空气湿度可反映空气中水汽含量的多少。日光温室内空气的绝对湿度和相对湿度一般均大于露地。由于温室空间小,气流比较稳定,温度较高,蒸发量大,环境密闭,不易和外界空气对流等原因,温室内会经常出现露地栽培下很少出现的高湿条件。特别是在冬季很少通风的情况下,即使在晴天也经常达到 90% 左右的相对湿度,而且每天常保持在 8～9 小时以上。夜间、阴天,特别是温度低的情况时,空气的相对湿度经常处于饱和或接近饱和状态。

在密闭情况下影响湿度变化的原因有两个方面:一是取决于地面蒸发和叶面蒸腾量的大小;二是取决于温度的高低。蒸发和蒸腾量大时,空气的相对湿度就高。在温室中,如果空气中水汽含量相同,温度升高,相对湿度就变小。虽然温度升高时,地面的蒸发和叶面蒸腾也在不断地增强,空气中的水蒸气不断地得到补充,但是空气中水汽的增加远远不及由于温度升高而引起的饱和水气压的增加来得快,因此,空气的相对湿度仍然在降低。

温室内空气相对湿度变化也存在着季节性变化和日变化。温室空气相对湿度的变化,往往是低温季节大于高温季节,夜间大于白天。在中午前后,温室气温高,空气相对湿度较小。夜间气温迅速下降,空气相对湿度也迅速增大。阴天空气湿度大于晴天,浇水之后湿度最大,以后逐渐下降,灌水前最低,放风后湿度也要下降。在一天中,揭草苫时最大,以后随温度升高,相对湿度下降,到 13～14 时下降到最低值,以后随温度下降开始升高,盖草苫时相对湿度很快上升到 90% 以上,直到次日揭草苫。

(五) 日光温室内二氧化碳(CO_2)含量变化规律

二氧化碳是植物进行光合作用的重要原料。自然界大气中二氧化碳的含量为 0.032%,这样的二氧化碳浓度,只能保证植物维持较低水平的光合作用。在一定的条件下(光照、温度、湿度等都比较适宜的情况下)和一定二氧化碳浓度范围内,如果提高二氧化碳的浓度,则可大大增加光合作用的强度,促进增产。

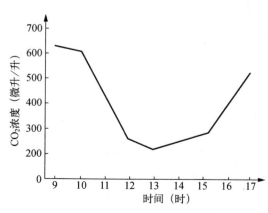

图 9-8 日光温室内二氧化碳含量的变化规律

温室是一个封闭或半封闭的环境系统,其内部的二氧化碳浓度变化主要受内部条件的制约。温室中二氧化碳主要来源于土壤中有机质的分解和作物的有氧呼吸过程,如果温室内施用有机肥多,二氧化碳的含量就高。一般而言,温室内,夜间是二氧化碳的积累过程,白天是二氧化碳的消耗过程。河南农业大学园艺系测得黄瓜日光温室内二氧化碳日变化规律(图 9-8)。上午揭草苫时,温室内二氧化碳浓度最高,可达 600 微升/升,比外界大气中的二氧化碳浓度高。揭草苫后,由于作物的光合作用,二氧化碳浓度急剧下降,至 13 时达最低,仅 215 微升/升,仅为外界大气中二氧化碳浓度的 60％,通风后二氧化碳浓度逐渐上升。

五、常用棚膜类型及其特点

目前国内温室果树生产中常用的透光材料(塑料薄膜)按生产原料可分为聚氯乙烯(PVC)棚膜、聚乙烯(PE)棚膜和乙烯醋酸乙烯(EVA)。按性能特点又可分为普通棚膜、长寿棚膜、无滴棚膜、长寿无滴棚膜等。

(一)PE 普通棚膜

这种棚膜透光性好,无增塑剂污染,尘埃附着轻,透光率下降缓慢,耐低温性强;低温脆化温度为 -70 ℃;比重轻(0.92),只相当于 PVC 棚膜的 76％,同等重量的覆盖面积比 PVC 棚膜增加 24％;红外线透过率高达 87％以上,夜间保温性较好。透湿性差,雾滴重;耐候性差,尤其不耐日晒,高温软化温度为 50 ℃,延伸率大(400％);弹性差,不耐老化,连续使用时间多为 4~6 个月。覆盖日光温室一般只能使用一个生产年度,覆盖棚室越夏有困难。

(二)PE 长寿棚膜

在生产 PE 普通棚膜的原料里,按一定比例加入紫外线吸收剂、抗氧化剂等防老化剂,以克服 PE 普通棚膜不耐日晒、高温、不耐老化的缺点,延长使用寿命。目前,我国生产的 PE 长寿棚膜大都是 0.12 毫米厚,可以连续使用 2 年以上。PE 长寿棚膜的特点与 PE 普通棚膜基本相同。

(三)长寿无滴棚膜

在 PE 长寿棚膜的配方中加入防寒剂,不仅使用寿命长,成本低,而且具有无滴棚膜的突出优点,适于棚室樱桃冬春连续覆盖栽培。

(四)PE 复合多功能棚膜

在 PE 普通棚膜的原料中加入多种特异功能的辅助剂,使棚膜具有多种功能。

北京市塑料研究所研制的薄型耐老化多功能棚膜,就是一种把长寿、保温、全光、防病等功能融为一体的薄膜。0.05～0.1毫米厚的膜能连续使用1年左右,夜间保温性能比PE普通棚膜高1～2℃,全光性达到能使50%的直射光变为散射光,可有效地防止因棚室骨架遮阴造成果树生长不一致的现象。每667平方米棚室用膜量比PE普通膜减少37.5%～50%。

(五)PVC普通棚膜

这种棚膜新膜透光性好,但随着使用时间的延长,增塑剂渗出,吸尘严重,并且不容易清洗,透光率显著降低,红外线透过率比PE膜低10%;夜间保温性好,高温软化温度为100℃;耐高温日晒,弹性好,延伸率小(180%);耐老化,一般可连续使用1年左右;易黏补,透湿性比PE棚膜强,雾滴较轻;耐低温性差,低温脆化温度为－50℃,硬化温度为－30℃;比重大,同等重量的覆盖面积比PE棚膜小24%。PVC棚膜适用于夜间保温性要求高的地区。

(六)PVC无滴棚膜

在PVC普通棚膜原料配方的基础上,按一定比例加表面活性剂(防寒剂),使棚膜的表面张力与水相近或相同,使棚膜下表面的凝聚水能在膜面形成一薄层水膜,沿膜面流入棚室脚的土壤中,而不滞留在棚膜表面形成露珠。由于棚室薄膜的下表面无露水,棚室内的空气相对湿度有所下降,并因无露珠下滴到甜樱桃树上,可以减轻病害的发生。更主要的是由于薄膜表面无密集的露珠,避免了露珠对阳光的反射和吸收蒸发耗能,使棚室内的光照增强。这种膜最适用于棚室甜樱桃树冬季和早熟促成栽培。使用无滴膜的棚室,每天必须适当提早放风,若与普通棚膜或长寿棚膜的棚室同一时间放风,则可能造成高温伤害,影响甜樱桃树生长发育,使果品质量、产量和收入降低。

六、塑 料 大 棚

塑料大棚就是将塑料薄膜覆盖在特定的支架上而搭成的棚(图9-9),以保护甜樱桃的正常生长发育。用于甜樱桃栽培的大棚有竹木结构和钢骨架结构两种。总的结构要求是:南北走向,跨度10～12米,高3.5～4.5米,长50～60米。

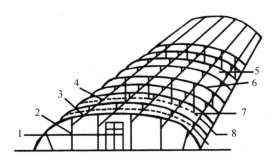

图 9 - 9　竹木结构大棚示意

1—门；2—立柱；3—拉杆（纵向拉梁）；4—吊柱；5—棚膜；6—拱杆；7—压杆；8—地锚

第二节　设施栽培技术

一、设施区的建设与栽植

新开发的甜樱桃设施栽培区，建园时要抓好园地选择、品种选择与配置，以及确定适宜的栽植方式等几个关键问题。

（一）园地选择

选择园地要全面考虑甜樱桃对生态条件的要求，并且要便于设施的建造。

（1）园址宜选年平均气温 13～14 ℃，冬季最低气温不低于－25 ℃，东、南、西三面无遮阴物，排灌便利，雨季地下水位低于 1.0 米，土壤 pH 为 6.5～7.5，总含盐量 0.1%以下，无重茬的地方。园地的土壤一般要求沙质壤土且土层深厚。

（2）为了增加设施内的光照，使树体受光均匀，大棚一般采用南北走向。日光温室宜选择东西向。

（3）要考虑销售地的远近和交通运输条件。甜樱桃成熟期较集中，耐贮运性较差。因此，要把园地选择在离销售地近、交通方便的地方。

（4）远离污染源，尤其是粉尘污染。无论是日光温室，还是大棚栽培甜樱桃，设施内的热量及甜樱桃生长所用的光，均来源于设施的采光面。对于粉尘污染严重的园地，不仅会造成设施内温度上升缓慢，温度低，而且会造成设施内光照不足，影响甜樱桃的正常生长与结果。

（二）品种选择与授粉树的配植

甜樱桃设施栽培是在特定的设施内，通过对生态条件（温度、湿度、光照、气体等）调控来满足甜樱桃生长发育、开花、结果或休眠的需求，达到提早成熟、提早上市，增加甜樱桃的商品价值。因此，设施栽培的甜樱桃品种与露地栽培的品种有所不同，在品种选择上应注意以下几点：

（1）宜选择生长势中庸或偏弱，树体矮小，树冠紧凑，易形成花芽的品种。

（2）在促成栽培时，为了达到提早成熟、提早上市的目的，以选择早熟或中早熟品种为宜。但是在实际生产中，由于甜樱桃现有品种的成熟期变幅不大，早熟品种与晚熟品种的果实发育期仅有 30～40 天的差别，即使用晚熟品种进行大棚栽培，果实的成熟期仍早于露地栽培。另外，目前我国的甜樱桃设施栽培面积很少，果实的供应量远远不能满足市场的需求。因此，果个大、丰产性强、品质优良的晚熟品种也可用于设施栽培。

（3）甜樱桃的设施栽培主要用于鲜食果的生产，因此，要求果个大、着色好、品质优的优良品种。

（4）选择坐果率高或自花结实率高的品种。

（5）在促成栽培中，为了提早萌芽、开花、结果、早上市，应选择休眠期短的品种。

（6）要选择对环境条件变化反应不敏感的品种。由于设施内的环境条件是人为调控的，尤其是温度、光照和湿度，调控结果与甜樱桃在露地栽培中所处的环境条件有一定的差异，因此，要求栽培品种对这种差异反应不敏感，即品种对保护地内的环境条件适应能力要强。

目前，烟台、大连、秦皇岛设施栽培的甜樱桃，主要品种是大紫、那翁、芝罘红、红灯、意大利早红、早大果等，少量拉宾斯和佐藤锦等品种。大紫、芝罘红等对环境的适应性强，易于设施栽培。红灯、意大利早红、那翁和拉宾斯等品种对环境条件较高。各地在进行设施栽培时，应根据设施条件与技术水平的不同选择较适宜的品种。具有加温设备的温室、大棚，可以选择红灯、意大利早红、拉宾斯、雷尼、佐藤锦和那翁等品种。不具备加温设备的温室、大棚，可以选用大紫、芝罘红和意大利早红等品种。近年来，日本育成的新品种香夏锦受到重视，其着色佳，甜酸适度，品质好，采收期比佐藤锦早。

在现有甜樱桃品种中，除斯坦勒、拉宾斯具有一定的自花结实能力外，其他品种均为高度自花不实品种。在选择主栽品种的同时,要配植好授粉树。授粉树的要求是与主栽品种花期一致或接近、授粉亲和力强、丰产、质优。授粉树的配植数量,一般是主栽品种的 20%～30%。授粉树的配植方式,宜行内混栽,也可以每隔 2～4 行主栽品种,栽植一行授粉树。同一设施内最好栽植 3 个以上的品种。

(三)栽植方式与设施的建造时间

设施栽培甜樱桃的栽植方式,可分为两种基本形式:一是在没有建造好栽培设施(温室或大棚)的情况下,可按照设施建造规划,先栽植甜樱桃,待甜樱桃树进入结果期时建造栽培设施;二是对于现有设施的,一般采取移栽结果期甜樱桃树的方法。采用此种方法,主要是由于甜樱桃枝量增加缓慢、成花较其他核果类(桃、李、杏)迟而采取的。如果直接在设施内定植甜樱桃苗木,则前 3～4 年现有设施就会失去其作用,造成不必要的浪费。

(四)栽植密度与栽植方法

对于尚未建造好设施的园区,要按照设施园区的规划设计直接把苗木或甜樱桃树栽植到温室或大棚的田面内。苗木栽植密度为 1.5～2 米×2.5～3 米(采用纺锤形)或 1 米×3～3.5 米(采用 Y 字形整枝)。对于已有设施而从室外直接移栽结果期树或移栽结果期树后再建造设施的,要根据被移栽树的树冠大小而定,一般要求移栽后的甜樱桃树营养面积利用率达到 85% 以上。

苗木栽植技术见露地栽培技术部分。

利用现有设施移栽结果期甜樱桃树进行设施生产,是目前我国甜樱桃设施生产的主要栽植方式。多年生产实践证明,此种栽植方式有以下优点。

(1)结果早。移栽结果期或结果初期甜樱桃树可实现第二年结果。通过移栽断根,可有效地促进当年甜樱桃树花芽的形成,有利于第二年丰产。

(2)移栽断根,可有效地控制甜樱桃树的营养生长,生长势缓和,有利于密植栽培。

(3)甜樱桃为须根树种,即使进行裸根移栽也可实现 100% 的成熟率。

适宜的移栽树龄为 4～6 年生。

大树移栽分为早春与初冬两个时期。春季移栽一般在甜樱桃萌芽前进行,为了提高栽植成活率、缩短大树的缓树期,挖树时要尽可能地多保留根系;初冬移栽一般在甜樱桃落叶后到土壤封冻前完成，在冬季及早春干旱地区，移栽后要进行防抽条处理（如温室内移栽甜樱桃树后在冬季进行覆盖薄膜及草帘）。初冬移栽通常第二年甜樱桃树恢复快，生长势比早春移栽的强，成花多。

二、整 形 修 剪

（一）常用树形与整形过程

大棚或温室栽培甜樱桃，均是在一定的设施空间内进行栽植，为了减少投入、增加设施的保温蓄热能力、便于管理，通常设施空间是有限的，并且设施高度适当低些便于管理。因此，在大棚或温室内栽植的甜樱桃树，应树体矮小、紧凑，有效枝多，树形成形快。

目前国内外常用的树形与整形过程如下。

1. 扇形

扇形是国外应用的一种新树形。

（1）基本结构：主枝从接近地面处分生，一般为 5 个主枝，中央的一个主枝较强，在其两边分别安排两个主枝，两边的主枝比中部主枝的长势依次降低，角度依次增大，这样成形后，整个树冠就成为扁平形的扇形结构。

（2）整形过程：第一年定植后进行矮定干，高度为 25～30 厘米。定干后当年能抽生 3～4 个发育枝，第二年休眠期修剪时，选发育最健壮的枝条作为中央主枝不剪或适当轻剪，再从剩下的枝条中选两个较好的枝条作为侧面主枝的后备枝，进行重短截。每个后备枝一般能发出 2～3 个发育枝，将其中两个生长较壮的留下，其余的在夏季尽早摘心，这样两个后备枝就可发生 4 条发育枝作为主枝进行培养，角度和位置不合适的可采用拉枝措施进行调整。对全树的枝条一般不截，为填补空间，个别枝条可适当轻剪，到此整形任务基本完成。

2. 改良主干形

具有中央领导干，干高不低于 60 厘米，在中央领导干上着生 6～8 个角度开张的主枝，分 2～3 层。层内主枝间距 15～20 厘米，层间距为 30～60 厘米。整形期间，除对中央领导干的延长枝进行必要的短截外，主枝一股不截，疏除背上或内向生长的轮生枝，主枝选足以后，在最上一枝分叉处落头开心。一般 4 年即可完成整形。

发育主干形,是目前美国等国家普遍采用的树形。

改良主干形骨干枝级次低,树体结构简单,整形容易,适于密植,多在干性强的品种和固地性强的砧木上应用。整形过程要始终注意开张好骨干枝角度,控制和处理好中央领导干上的竞争枝,防止主枝过粗、过大。

3. 早期丰产形

这种树形是根据甜樱桃密植栽培、早产而创造的一种新树形。

主要整形修剪方法:定干 40 厘米,当年在主干上抽生 3～5 个新梢(用于培养主枝用),这些新梢长到 30 厘米时,选一向上生长、生长势强健的作为中央领导干的延长梢,其余侧生新梢进行剪梢,一般剪去新梢长度的 1/3,被剪新梢当年便可分生 3 个以上的二次梢。对于二次梢,选一向前生长的新梢作为一次梢(主枝)的延长梢,侧生二次梢,每生出 6～7 片叶,进行摘心,待到 8 月份便可进行拉枝处理,拉枝一般都拉至近水平。冬剪时在中央领导干延长枝 60 厘米处剪截,剪截口下第二年春会抽生 3～4 个侧生新梢,对这些新梢及第一年培养的主枝延长梢仍采取剪梢和摘心处理,只是剪梢长度相对第一年要短截,一般在长到 20 厘米时就应剪梢。第三年修剪时在中央领导干延长枝 70 厘米处剪截,当年能抽生 2～3 个侧生新梢,修剪方法相同,所不同的是剪梢所留长度比上年短,对二次梢摘心要早,使之形成中庸的结果枝组,而不是生长旺盛的侧枝。第四年对中心干延长枝不剪截,对其抽生的枝条,不培养主侧枝,而是及早采取摘心方法,使每个抽生的枝条变成一组结果枝,然后将树头拉平。

4. 单层小冠形

(1) 树体结构(图 9－10):单层小冠形是河北科技师范学院甜樱桃设施栽培课题组根据多年的生产实践总结出的一种适于设施栽培的甜樱桃树形。单层小冠形无主侧枝之分,只需根据株行距及温室或大棚内空间的高低,在主、中干上培养足够的长型枝组(6～15 个)即可。因此,单层小冠形树,只有主干、中心干枝组,树体的高度是根据棚膜高度来确定的。

(2) 单层小冠形树的培养过程:

① 定干。单层小冠形树的定干高度一般在 45～50 厘米。定干后,剪口下一般可抽生 3～4

图 9－10　单层小冠形

个一次梢。当一次梢长到 40～50 厘米时进行剪梢,剪去新梢长度的 1/3～1/4,剪梢后每个被剪新梢顶端可抽生 2～3 个二次梢。这样每株树定植当年可形成 6～12 个枝。当年 8 月下旬到 9 月中旬,除保留一个中心梢作为中央领导干的延长枝以外,对下部的枝(一次梢)进行拉枝,使每个枝(一次梢)呈 80°角。每个一次枝上的二次梢,保留一个作为延长枝,其余进行拿枝,加大其与母枝的角度或下垂。

② 定植当年的冬季修剪。为了增加树体的枝量和芽眼量,缓和幼树的生长势,定植当年的樱桃树修剪量宜轻不宜重。一般只对中央领导干的延长枝进行适当的短截,其余枝进行长放。中央领导干延长枝的短截程度应根据下部分枝的多少来定。如果当年下部抽生了 3 个小主枝,延长枝短截时,可保留 40～50 厘米左右;下部抽生了 2 个或 1 个小主枝,延长枝短截时只保留 20～30 厘米。

③ 第二年生长季的管理。第二年生长季树体地上部的管理主要是控制下部枝组背上抽生的徒长梢,其次是对枝组和中心干延长枝剪口下抽生的新梢进行摘心。

上年秋季拉枝后的长型枝组,由于呈近水平状,枝组的中后部背上易抽生徒长性的新梢,当新梢长到 20 厘米左右时,从梢的基部 2～4 厘米处进行扭伤,使其呈水平或下垂状。

中央领导干延长枝剪口下一般可抽生 3～5 个健壮新梢,当新梢长到 30～40 厘米时进行摘心。摘心后抽生的新梢长到 30～40 厘米时,除保留一个作为延长枝外,其余进行拿枝或扭梢,使其呈水平或下垂状态,并于 8 月下旬到 9 月上中旬对枝组进行拉枝。

第二年至第三年的冬季修剪和生长季管理参照上述进行,即每年的冬季修剪只对中央领导干的延长枝进行短截,其余枝长放。生长季的管理,主要是控制拉平后的枝组背上抽生的新梢和对中央领导干延长枝剪口下抽生的新梢进行摘心等。

通过 3 年的树体培养,一般树体已达到了应有的高度,完成整形任务。

(二)不同年龄时期树的修剪要点

1. 幼树期的修剪

幼树期是指甜樱桃结果前整形期间的树,此期一般需要 1～4 年。主要任务是增加中长枝量,扩大树冠,尽快成形。中、长枝是培养枝组与树冠的基础,因此,1～4 年生的甜樱桃树的修剪要特别注意对中长枝的合理培养与调整。甜樱桃一般萌芽率高,成枝力较低,在每年冬剪时,要根据不同树形要求,对中央领导干及主枝的延长枝进行短截,促生强壮新梢。生长季可进行延长梢的剪梢处理,促使延长梢抽生二次梢,加快整形工作。对各类延长枝以外的枝,尽可能地保留、长放、拉枝。

2. 结果初期的修剪

结果初期是指从开始开花结果到大量结果之前的这段时间。这个时期为整形的后期,其主要任务是培养好各种类型的结果枝组,完成整形的余下工作。在修剪上应以甩放为主,通过甩放缓和树势,减少长枝数量,避免因短截过多造成枝条密生,光照恶化。大紫类甜樱桃以中、长果枝结果为主,结果期应遵循"甩放为主,回缩为辅,放缩结合"的原则培养中长果枝。

3. 盛果期的修剪

在正常管理条件下,甜樱桃由初果期到盛果期的过渡年限很短,通常 2～3 年,但管理不当时间可能延长。盛果期修剪的主要任务是维持健壮树势和结果枝组的生长结果能力,保证长期高产稳产。

甜樱桃大量结果之后,随着年限的增长,树势逐渐衰弱,结果部位外移。应采取回缩更新的手法,促使花束状果枝向中、长果枝转化,以维持树体长势中庸和结果枝组的连续结果能力。总之,进入盛果期的树,在修剪上一定要注意甩放和回缩要适度,做到回缩不旺、甩放不弱。这样培养出来的结果枝组才能结果多、质量好,达到长期稳产壮树的目的。

4. 衰老期的修剪

甜樱桃衰老期树势明显衰弱,果实产量和质量明显下降,应及时进行更新。通常利用骨干枝基部萌生的发育枝、徒长枝对骨干枝进行计划更新,恢复树势,复壮结果枝,延长经济寿命。当树势严重衰弱时,应进行骨干枝的大更新。大更新的好处是抽枝量多,成枝力强,更新的当年配合夏季摘心可较快地恢复树冠,早结果。更新的第二年,可根据树势强弱,以缓放为主,适当短截新选留的骨干枝。

另外,进行骨干枝更新时,留桩要短,以 30～40 厘米长度为宜,最多不能超过 50 厘米。留桩过高,抽枝能力弱,更新效果不佳。更新时间以早春萌芽前进行为好。冬季更新抽枝力、萌芽率显著降低,效果不佳。

（三）生长期修剪

生长期修剪是指从萌芽后开始至落叶前结束的这段时间的修剪,其中以夏季修剪为主。生长期修剪是在休眠期修剪的基础上,进一步改善树冠内的通风透光条件和促进养分分配更趋于合理,达到节省养分、促发分枝、加快成形和成花的目的。生长期修剪通常采取的方法有:拉枝、摘心、剪梢、除萌、疏梢等。

1. 拉枝

在生长季内,通过拉枝可达到缓和树势、平衡树势、促进花芽形成、改善光照等作用。拉枝的时间,春、夏、秋皆可,以夏、秋效果好。因为此时枝条密度、叶幕厚薄、膛内通风透光条件的优劣显而易见;另一方面,此时拉枝,树体比较温和,背上不易冒条。拉枝的角度,不同树形及不同类型枝条要求不一样,拉枝要根据不同枝的要求进行。

2. 摘心和剪梢

摘心是指在新梢尚未木质化前,摘除新梢先端的幼嫩部分,是甜樱桃夏季修剪中应用最多的一种方法。对甜樱桃幼旺树进行摘心,具有控制枝条旺长、促使枝类转化、增加分枝级次、加速扩大树冠等作用。对盛果期树进行摘心,可起到节约养分、促使花芽形成、提高果实产量和品质等作用。摘心后由于摘心口下的腋芽分化程度较低,因此促发分枝数量较少,一般摘心后只能抽生 1～2 个新梢,而且分枝角度小。因此,摘心多用于控制新梢的旺长。

剪梢是指剪去已木质化或半木质化新梢的一部分。剪梢时由于剪梢口下腋芽的发育较高,促发分枝数量较摘心多,而且分枝角度大,因此,对增加枝量,加快整形的作用较摘心效果好。剪梢时间一般在 6 月上旬到 7 月中旬。

摘心和剪梢是夏季修剪最主要的内容,其作用也十分明显。据美国华盛顿州甜樱桃生产者欧文斯试验表明,樱桃夏季修剪矮化了树体,同时使 5 年生树的产量达到了 494 千克/亩。

3. 除萌

除萌是指从春季至初夏将无用的或有害的萌芽除去。除萌的目的在于节省养分并防止枝条密生郁闭,影响光照和通风透光条件。因此,对疏枝后产生的隐芽枝、徒长枝以及有碍于各级骨干枝生长的过密萌枝,应及时除去。

4. 疏枝

夏季疏枝的效果往往好于冬季疏枝。夏季疏枝一般在采果后进行,其目的在于疏除过密过强、严重影响光照的多年生枝或过分密集的强旺新梢,以改善树冠内膛的通风透光条件,均衡树势。采果后疏枝的伤口愈合容易,对树势的削弱轻。

三、促 花 技 术

与其他核果类果树相比,甜樱桃属于难成花树种。为了早期促进花芽的形成,在整形过程中就应采取以下促花技术,以求甜樱桃树早期形成花芽,早投产。

(一)刻伤处理

甜樱桃多数品种以短果枝或花束状果枝结果为主,甜樱桃虽然萌芽率高,但幼树期的甜樱桃树,叶芽每年萌发后只形成单芽枝,不能形成花束状果枝或短果枝。单芽枝萌发后,只是延伸 1 厘米左右,又形成单芽枝,不能形成花束状果枝或短果枝。为了促进叶芽或单芽枝萌发后形成花束状果枝或短果枝,从定植后第二年的幼树开始,要对叶芽或单芽枝进行刻伤处理,即在叶芽或单芽枝的上方 0.5 厘米处,用小钢锯条横锯一下,深度达到木质部。通过刻伤处理可阻止根系上运的水分、养分及细胞分裂素等向上运输,集中于刻伤伤口下的叶芽或单芽枝中,增强生长势,使其向花束状果枝或短果枝转化。叶芽或单芽枝上方刻伤处理量,每年应达到未经刻伤叶芽或单芽枝量的 50%。刻伤处理时间一般在叶芽萌发期。

(二)连续摘心

连续摘心既包括对主枝延长枝的摘心,又包括对其他发育新梢的摘心。从幼树培养的第二年开始,可根据不同树形对主枝培养的要求进行摘心,其他强壮新梢每抽生 15~20 厘米,可进行一次摘心。通过摘心可刺激甜樱桃二次梢的抽生,增加幼树的枝量,同时可减缓树体发育速度,使树体健壮敦实,提高第二年叶芽的萌发率,促进花芽的形成。

(三)药剂处理

1. 常用药剂及其作用

对甜樱桃具有促进花芽形成和矮化树体的生长调节剂有乙烯利、B9、PP333 等。

(1)乙烯利(ACP、CEP):也叫乙烯磷,上海等地出售的商品名叫"一试灵",有效成分为 4016。乙烯利是一种酸性较强的溶液,当 pH 低于 4 时稳定,高于 4.1 时则释放乙烯。乙烯利进入植物体后的分解速度和乙烯的发生量以植株体内的 pH 而定。

若 pH 高,则分解快。

乙烯利对果树的作用主要表现在以下几个方面:

① 抑制新梢生长。

② 促进花芽形成。

③ 疏除花果。

④ 促进成熟、上色、降低酸度。

⑤ 延迟花期,提早休眠,提高抗寒性。

乙烯利在甜樱桃上的应用方法通常采用叶面喷施。

(2) B9(比久):是一种生长延缓剂,又叫 B995、阿拉(Alar),其化学名为琥珀酸-2,2-二甲酰肼(SADH)。自 1962 年发现以后,迅速引起人们的重视。B9 对果树有多方面的效应。

① 抑制生长。它可使果树新梢生长缩短,主要是抑制节间伸长,而茎的髓、韧皮部、皮层加厚,导管少,茎的直径增粗。

② 促进花芽分化。B9 促进花芽分化与延缓生长有关,但有时新梢生长未见有减弱而花量增加,这表明 B9 有改变内源激素平衡的效果。如抑制 GA 的生物合成,促进 ABA、乙烯含量的增加。

③ 抑制果实生长。B9 可显著抑制果实生长,使果个变小,果重减轻,果梗变粗,果形变扁。这种抑制作用,以在果实生长初期阶段应用最明显。

④ 使核果类果实提前成熟。B9 可促进核果类内源乙烯的发生,使核果类果实提前成熟,成熟整齐,但对品质、果实大小无明显不良作用。

(3) 多效唑(PP333):多效唑化学学名为(2RS,3RS)-1-(4 氯苯基)-4,4 二甲基-2-(1H-1、2、4 三唑)-戊醇-3。PP333 是近几年来人工合成的最好的一个生长延缓剂。

PP333 对果树生长及生理影响可概括为以下几个方面:

① 对果树的营养生长产生显著的抑制作用。主要表现为抑制新梢的加长生长;叶片变小、叶片总面积下降、叶的干鲜重减少、叶片变厚、叶片单位面积重量增加,促进侧芽的萌发,对根系的生长也产生抑制作用。

② 促进果树花芽的形成,使幼树较早进入结果期。

③ 对果实的大小影响很少或无影响。但有抑制果柄伸长、增加果柄粗度、降低果型指数的效果。

④ 增加叶片中叶绿素含量、可溶性固性物含量及可溶性蛋白质含量。

⑤ 增强果树的抗旱、抗寒性。

PP333 在甜樱桃树上可采用叶面喷施、土施或树干涂抹等。

各种药剂的实际使用效果：据克里斯托富里（1981）报道，500 毫克/千克的乙烯利加 1 500 毫克/千克的 B9，可使甜樱桃的节间缩短，促进了树干中下部产生有效分枝。对酸樱桃进行了发芽前的修剪，在花后两周使用 300 毫克/千克的乙烯利可以防徒长，其效果最好。采收前 1.5～2 周内用 0.01%～0.11% 的乙烯利或在花后 1.5 周将 0.1%、0.2%、0.4% 的 B9 分别施于酸樱桃上，使其枝条数和开花数增加，产量提高，成熟期提前。

多次使用药剂可抵消乔化砧木对接穗的影响。在开花后两周，喷施 2 000 毫克/千克的 B9；花后 1～4 周每周喷一次 100 毫克/千克的乙烯利；采收果实后再喷 200 毫克/千克的乙烯利，可使嫁接于乔化砧上的甜樱桃品种滨库矮化，并利于密植，每亩栽植密度可达 40 株。

巴焦尼等（1986）用三年生的甜樱桃（Georgia）树做试验发现，200 毫克/千克的 PP333 在落花期喷于叶面，使具有花芽的短果枝数显著增加，为对照的 188%。春季花芽萌动前将 PP333 施于土壤（每株 0.5 克），增加了花的密度，为对照的 151%。韦伯斯特等（1986）发现（表 9 - 4），连续 4 年，在 3 月份用 PP333 处理早河甜樱桃的幼树（第一年用量为每株 1.6 克，以后 3 年的用量各为每株 0.8 克）增加了花芽的密度，还增加了每个花芽中的花数。

表 9 - 4　PP333 对早河甜樱桃成花量（花芽数/米枝条）的影响

处理	试验第二年 花芽数/米枝条	试验第三年 花芽数/米枝条	试验第四年 花芽数/米枝条
PP333	39.6	66.3	71.8
对照	18.7	30.8	22.6

2. 多效唑（PP333）在生产中的应用

实际生产表明，在促进甜樱桃成花的所有药剂中，多效唑的效果最好，同时可使树体矮化。但甜樱桃对多效唑比较敏感，施用时一定要掌握好用量、方法及施药时间。

（1）土施。将每株树所需要的药剂用水稀释，浇灌在树盘土层里。具体做法是：用锄头或用镢头围绕树干挖一条 10 厘米深的浅沟，距离树干 70～80 厘米，即半径为 70～80 厘米的圆沟，将每株树标准用量的药液均匀地灌在圆沟里，然后用土将沟覆平。不能挖半圆的沟或是放射式的沟。

土施时间一般在早春 3 月份或上年的秋季，因为多效唑在土壤中有效期可长达 2 年以上，因此不能连续土施，可以与喷施方法交替使用。施用量要严格掌握，一般施用多效唑从三年生以后开始。用量可按每平方米树冠投影面积施 0.5 克计算。

注意：甜樱桃树若施用超量的多效唑，会造成不能抽生发育枝，甚至导致死树现象。

（2）喷施。甜樱桃树上一般喷施浓度为 500～750 倍，喷施时间一般在甜樱桃果实采收后，也就是 6 月中下旬左右。一年喷 1～2 次，两次施用时间间隔为 20～30 天。

（3）施用多效唑过量，采取的补救方法。

① 增施氮肥，以根外追肥为主，每隔 10 天 1 次，连续 3 次，喷施 0.5% 的尿素。

② 间隔 10～20 天喷 20 000～40 000 倍的赤霉素 2～3 次。

③ 过于严重的可灌施赤霉素。灌施浓度为 50 000 倍，5～8 年生树每株每次灌施 15～25 千克药液，两次灌施间隔为 20 天左右。灌施与喷施交替进行效果最好。

④ 增施人粪尿也会起到缓解作用。

四、扣膜、上草帘的时间与技术

从理论上讲，温室甜樱桃，扣棚升温时间愈早，开花愈早，果实成熟上市的时间也就愈早，效益也就愈高。但由于甜樱桃在长期生态进化过程中，为适应北方冬季的严寒气候条件，形成了休眠现象，只有在 7.2℃ 以下的低温条件下，才具有解除自然休眠的作用。因此，不同地区扣棚早晚受当地秋冬低温来临早晚限制。在目前技术条件下，还没有研究出打破甜樱桃自然休眠的有效药剂。生产中多采取利用自然低温处理来提早解除甜樱桃自然休眠。

利用自然低温提早解除甜樱桃的自然休眠，即在深秋当夜间温度降低到 7.2℃以下（近于 0℃）时，开始扣膜上草帘，上好棚膜与草帘后进行反保温处理。由于甜樱桃生长势强，尤其是结果初期的树，一般在深秋夜间温度降低到 0～7℃ 时，有可能不落叶,可连同叶片一同扣在温室内,8~10 天后叶片黄化自然脱落。

扣膜与上草帘的方法如下:

为了便于调节温室内的温度和湿度,棚膜要分为三块来上,即中间一块、上面一块和下面一块,每两块间可重叠 15~20 厘米。这样上的棚膜可保留两个通风口(通风线),一般要求下面的通风口距地面高度 120 厘米,上面的通风口在温室的最高点。扣好膜的当天或第二天一定上好草帘,防止扣膜后温室内温度过高,影响树体的休眠。

目前温室上用的草帘,多为稻草制成,宽 1.5 米,长 8~9 米。草帘的上法有两种:一种是用于风比较大的地区,上草帘时从温室的一端开始,如当地冬季东北风较大,则从温室的西端开始上草帘,一个压一个,两个草帘重叠 20~25 厘米,这种上法可避免强东北风把草帘吹开;另一种是上下两层放法,适于冬季风小的地区。上帘时可从温室的任何一端开始,先放两个草帘,间隔 1.1~1.2 米,然后在两个草帘的间隔处再放上一个草帘,草帘的两端重叠 15~20 厘米,依次向温室的另一端铺放草帘。

扣好棚膜和草帘的温室,要进行反保温处理。反保温处理是指夜间拉开草帘,打开温室后墙的所有通风口和棚膜的通风口,使凉风进入温室降温,白天封闭通风口和棚膜的下面,放下草帘,防止温室内温度上升。当温室内温度降低,且白天也降低到 7.0 ℃以下时,密封温室进行低温解除休眠处理直到升温。根据河北科技师范学院边卫东等调查表明,反保温处理的温室,前期白天温度高时,可起到降低白天温度的作用(图 9-11),使温室内的温度尽可能地保持在解除休眠所需要的温度范围内;中后期温度过低时,可防止温室内气温过低对解除休眠不利的影响,同时防止了温室内土壤封冻(图 9-12),有利于升温后地温的提高。

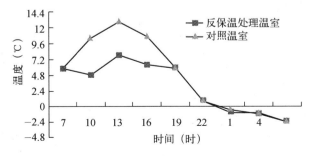

图 9-11　24 小时气温变化示意(2004.11.20—21 日)

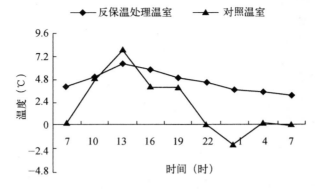

图 9 - 12　24 小时气温变化示意（2004.12.10）

五、升温时间的确定

甜樱桃温室升温的前提是：温室内的甜樱桃已通过自然休眠，即满足了甜樱桃对低温的要求。各地甜樱桃结束自然休眠的时间，因栽培品种及当地秋季低温来临的早晚不同而异。因此，温室甜樱桃升温的时间各地是不同的。首先，要了解所栽品种的需冷量，再根据当地测定日气温在 7.2 ℃ 以下的累积低温时数（低温累积值应达到所栽品种的需冷量），确定该品种升温的时间。若同一温室内栽几个品种，应以休眠期最长、需冷量最多的品种来确定升温的时间。如果对所栽品种的休眠期不明确，升温时间只能凭经验来确定，一般认为甜樱桃解除休眠需经历 7.2 ℃ 以下 500～1 300 小时的低温积累。在华北地区，一般落叶后 45～50 天，即 12 月下旬到第二年 1 月上旬即可满足此需求而渡过自然休眠。如河北科技师范学院温室甜樱桃 1997 年 12 月 15 日升温后，开花结果正常，没有出现因解除自然休眠的低温量不足而在生理、生长、结果方面的异常现象（表 9 - 5）。

表 9 - 5　樱桃常见品种的需冷量

品种	年度	花芽需冷量(C.U)	叶芽需冷量(C.U)
红灯	1996	1 170	1 170
	1998	1 240	1 200
	1999	1 190	1 190

品种	年度	花芽需冷量(C.U)	叶芽需冷量(C.U)
那翁	1996	1 210	1 200
	1999	1 200	1 200
	2000	1 240	1 240
大紫	1996	1 100	1 150
	1998	1 190	1 100
	1999	1 150	1 100
红艳	1996	1 100	1 100
	1998	1 200	1 100
	1999	1 100	1 100
抉择	1996		
	1998	1 000	920
	1999	970	970
早红宝石	1996		
	1998	940	900
	1999	910	900
乌梅极早	1996		
	1998	1 100	1 000
	1999	990	950
极佳	1996		
	1998	970	940
	1999	1 100	990

注：表内数据选自高东升，2001。

六、升温后温湿度管理

河北省东北部、山东省烟台、辽宁省大连等地的温室甜樱桃，一般在12月下旬至第二年1月初升温。即扣严棚膜，关闭通风口，日出后拉开草帘见光升温，下午4

时左右盖好草帘保温。升温后的温度管理对温室甜樱桃的坐果影响最大,如果升温过快、温度过高,会加快甜樱桃的萌发和开花速度,缩短从升温到开花的时间,但不适宜的高温处理会造成甜樱桃性器官(雌性或雄性器官)的败育,使甜樱桃开花后大量落花落果。因此,温室升温后要逐渐升温,不要增温过快。另外,开花期夜间遇到−2 ℃温度2小时,将有50%雌蕊被冻死,超过4小时则全部冻死;果实发育期间温度过高,会造成新梢徒长,加重果实的生理落果。因此,必须加强白天(上午10时到下午2时)温度的监控,超过25 ℃时要及时打开通风口,放风降温。

温度管理指标:从开始升温到萌芽,白天最高温度控制在16~18 ℃,夜间温度2~3 ℃;从萌芽至开花初期,最高温度控制在18~20 ℃,最低温度5~7 ℃;开花期最高温度控制在20~22 ℃,最低温度5~7 ℃;果实发育期最高温度控制在22~24 ℃,不超过28 ℃,最低温度10~12 ℃。

温室内温度的调控,主要是通过打开或关闭通风口来完成的。每天日出后拉开草帘,温室内的温度逐渐升高,当温度超过最高温度上限1 ℃时,要打开通风口。为保证温室内各部位的温度保持一致,上通风口和下通风口均要打开,严禁只打开一个通风口(上通风口或下通风口)。

湿度管理指标:温室内的湿度管理,一般指空气相对湿度的管理。从升温到萌芽,空气相对湿度要保持在70%~80%;开花期保持在50%;花后至采收期保持在60%左右。湿度过大尤其是花期空气相对湿度过大,会造成树体结露(露水),使散出的花粉吸水涨裂失活或花粉黏滞,扩散困难,生活力低,严重影响坐果。因此,调节温室内适宜的空气相对湿度,对温室甜樱桃的生长发育,特别是坐果至关重要。若温室内湿度过大,可通过通风换气,控制浇水和地面覆盖地膜等调节;湿度过小,相对湿度低于40%时,可进行地面和树体洒水、喷雾或浇水等增加湿度。

七、土肥水管理

(一)施肥

甜樱桃具有生长迅速、枝叶生长与坐果均集中于生长季前期等特点。因此,树体越冬前贮藏营养的多少及生长季前期的营养水平,对壮树丰产和果实品质的提高有重要影响。甜樱桃属于喜肥树种,施肥量与时期应以树龄、树势、土壤肥力和品种的需肥特性为依据。掌握好肥料种类、施肥数量、时期与方法,及时适量地供应甜樱桃生长发育所需要的各种营养元素,达到壮树、优质、高产的目的。

1. 树龄

据观察甜樱桃的生长发育可分为 3 个主要时期。

(1) 3 年生以下,为幼树扩冠期。根据此期生长发育特点,施肥应以速效性氮肥为主,辅之以适量磷钾肥,促进树冠的早期形成。但在实际生产中,甜樱桃幼树易产生抽条现象,造成抽条的原因主要是幼树徒长、枝条不充实等。因此,在易发生抽条的地区,生长中后期要适当控制氮肥,多施磷钾肥。

(2) 4～6 年生,为初结果期。以施有机肥和复合肥为主,做到控制氮肥、增加磷肥、补充钾肥,主要抓好秋前施基肥和花前追肥。

(3) 7 年生以上为结果盛期。除秋施基肥,花前追肥外,要注意采果后追肥和增施氮肥,防止树体结果过多早衰。

2. 生长势

要求通过增施有机肥,调节氮磷钾的比例,使 1～3 年生幼树外围新梢平均生长量为 60～100 厘米;4～6 年生树为 40～60 厘米;7 年生以上树为 20～40 厘米。以达到壮树、控制生长、连年丰产的目的。

3. 树体和土壤营养诊断

树体和土壤营养诊断的目的是测定不同矿物质元素在树体中有效含量和土壤中有效矿物质元素的盈亏,经过综合分析判断,为改善果树的营养状况和合理施肥提供科学依据。

挪威迈丁格尔等(1980)对 20 个甜樱桃园中的法兰西皇帝和先锋两个品种的叶片和果实及土壤化学组成进行了分析。结果显示:叶中的矿质元素平均含量(占干重)氮 2.6%、磷 0.29%、钾 1.38%、钙 1.38%、镁 0.42%、锰 84 毫克/千克、锌 31 毫克/千克;果实中的矿质元素平均含量(占干重)氮 0.15%、磷 0.027%、钾 0.24%、钙 0.11%、镁 0.009%。同时发现,法兰西皇帝品种土壤中镁和钾的含量与果实中镁和钾的含量呈正相关;先锋品种土壤中的氮、钙、镁含量与果实中氮、钙、镁含量呈正相关。

结合甜樱桃需肥特点与温室栽培特点,温室甜樱桃的施肥时期与施肥量如下:

在正常管理条件下,温室甜樱桃升温后到果实采收前追施 2 次肥,果实采收后到秋季施基肥前追施 2 次肥,并进行多次灌水。

第一次施肥在升温后 1～7 天进行,此次施肥以氮肥为主,每亩营养面积施尿素 40～50 千克＋撒可富(15% 氮、15% 钾、15% 磷)25～30 千克。施肥方法多采用浅沟法,即在树盘内间隔 20 厘米处开 10 厘米深的多段浅沟,把混合好的肥料均匀地撒在沟内覆好土。施肥后灌一次大水(30～40 毫米)。待土壤疏松后进行一次松土,松土后进行地膜覆盖。

第二次施肥在落花后进行,此次施肥应以磷钾肥为主,每亩可施 25～35 千克硫酸钾＋25 千克撒可富或单一追施撒可富 50～65 千克,施肥后灌中水(20～30 毫米)。

第三次施肥在果实采收后,时间在 5 月上中旬。此时温室的棚膜已撤掉,甜樱桃由于大量结果多表现生长势较弱,为了恢复树势,保证叶片的正常生长,每亩营养面积施尿素 40～50 千克并灌水。

第四次施肥在 6 月中旬。每年温室甜樱桃在撤掉棚膜后的 6 月下旬到 7 月下旬间,多因树势弱,不能抽生较强的新梢,升温期间展开的叶片老化严重,易发生落叶现象。为了增强树势,防止叶片老化落叶,6 月中旬可再追肥一次,每亩营养面积施撒可富 50 千克。

第五次施肥为秋施基肥,基肥的种类为各种充分腐熟的有机肥。如用羊粪等各种动物粪便(除纯鸡粪外),每亩营养面积可撒施有机肥 3～4 立方米,撒施后进行全面浅翻 10 厘米。

(二)灌水

甜樱桃对水分比较敏感,既怕旱又怕涝。无论是水分过多,还是水分不足,均易造成甜樱桃叶片黄化早落。另外在果实发育期间,如果前期干旱,后期水大易造成甜樱桃裂果。因此,在甜樱桃的整个生长期,一定要注意水分的均衡供应。根据甜樱桃对水分的需要特点及温室栽培的特点,升温后到果实采收期主要抓好以下几个灌水时期:

(1)升温后 1～7 天:此次灌水一般结合升温后第一次施肥进行,灌水量要大。

(2)开花前 15 天左右:为防止开花期水分不足,可根据土壤墒情,适当补充水分。此次灌水量不宜过大,以防开花期地温不足,影响坐果。

(3)落花后:此次灌水一般结合升温后第二次施肥进行,灌水量可适当大些。

（4）果实硬核初期：此时甜樱桃果实即将进入果实第二速生期，充足的水分供应，有利于提高甜樱桃的产量与品质。

果实采收后灌水的次数与时期，要根据甜樱桃的生长需要与土壤墒情进行。采果后到 8 月上旬前，要有均衡而充足的水分供应，以提高甜樱桃树的生长势，防止叶片老化与脱落；8 月中旬以后，可适当控制灌水次数与量，这样有利于枝干充实与营养物质的回流，提高树体的抗性和第二年的坐果率。

八、花 果 管 理

（一）辅助授粉

多数甜樱桃品种为自花结实。自花传粉不结实，需异花授粉的虫媒花或风媒花树种。在密闭的设施内栽培必须进行人工授粉或蜜蜂授粉。其原因有以下四个方面：

1. 设施内缺乏传粉媒介（蜂）及空气的流动。

2. 设施内空气湿度大，花粉黏滞性强，扩散困难。

3. 有的品种本身就无花粉或花粉少。

4. 在温度处理不当（升温速度过快、温度过高等）的情况下，会造成性器败育，无花粉或花粉生活力低。

另外，人工授粉不仅可以提高坐果率，而且会促进果实的发育，增大果个。因此，温室、大棚甜樱桃最好栽植 3 个以上的品种，并且采取人工或蜜蜂辅助授粉。这是温室、大棚甜樱桃栽培中很重要的一项技术措施，对甜樱桃的产量和经济效益会产生直接影响。

常用的授粉方法包括：采集花粉人工点授法、无须采集花粉人工点授法、鸡毛掸滚授法及花期放蜂。

1. 采集花粉人工点授法

采花：在授粉前 2~3 天，采集多个授粉品种上含苞待放（气球期）的花蕾（有花粉的品种）。

花药与花粉的提取：将采集到的花蕾撕裂花苞，用小镊子摘取花药或两朵花对揉，花药提取后除去杂物，把花药在纸上摊薄薄一层阴干，温度保持在 20~25 ℃，最高不超过 28 ℃,经过 36~48 小时花药开裂,花粉散出,把花粉和花药收集起来放到干燥的小瓶中避光备用。

人工授粉:授粉宜在上午 10 时至下午 3 时之间进行,用铅笔的胶皮头沾取花粉点授到花的柱头上。

2. 无须采集花粉人工点授法

对于自花结实品种,在正常管理情况下,无须采集花粉,可用授粉器直接进行人工点授。

授粉器的制作过程:把香烟上的过滤嘴取下,并把过滤嘴一端撕下 1~2 毫米宽的纸边,使过滤嘴丝线外露,在另一端插上一个长 8~10 厘米长的小木棍即为授粉器。

点授方法:甜樱桃开花时,用制作的授粉器在一个甜樱桃品种树上对准花的中心部位沾一下,在此过程中就可以完成花粉的提取工作,通过多次沾取,待授粉器变黄后(大量花粉黏于授粉器上)在另一个品种上进行点授。一般一个授粉器在一个品种上可点授 50~100 朵花后,再在另一个品种上进行点授。这样通过在多个品种树上交叉点授,可完成异花授粉工作。

一般来说,早期开放的花质量好、坐果率高、果个大,因此,在第一批花开放时授粉效果好。由于温室甜樱桃开花期较长(10 天以上)、开花不整齐,为确保坐果率,可在整个花期进行 3~4 次人工授粉。在每次授粉时,应注意点授刚刚开放的花朵。

3. 鸡毛掸滚授法

温室或大棚内甜樱桃开花后 1~2 天,自上午 10 时后(无露水)到下午 3 时前,用鸡毛掸在不同甜樱桃品种树上进行滚动可完成异花授粉。整个花期要滚动 3~4 次。滚动时要掌握轻重,避免伤及花朵。此法简单易行,省工省事,但效果不如人工点授。

4. 花期放蜂

有蜂源的地区,可在温室或大棚樱桃开花前 5 天左右,在设施内放养蜜蜂或壁蜂。一般 1 个温室(0.5~1 亩)内可放养一箱蜜蜂或放养 120~150 头壁蜂。放蜂期间应注意喂适量放入甜樱桃花瓣的糖水(糖与水的比例为 1:5),早晚各一次,将糖水洒在蜂箱框架上或蜜蜂出入口处。在寒冷的冬季,即使温室内放入蜜蜂时打开放风口,蜜蜂也很少从放风口跑掉,因为放风口处很冷。当外界气温较高时,蜂就会从放风口处跑掉,因此,放蜂期间要在放风口处设置防虫网。

由于甜樱桃花量大,因此以花期放蜂为宜。

(二)疏花疏果

实践证明,在管理条件较好的情况下,设施内栽培的甜樱桃比露地甜樱桃的坐果率高。坐果过多,不仅果小,而且着色差,收获期也推迟。因此,一般在盛花后两周,生理落果之后进行疏果。佐藤锦、那翁等品种未受精果脱落晚,要待已确认受精状况后再行疏果。疏果程度要根据树体长势和坐果情况确定。一般 1 个花束状果枝或短果枝留 4～5 个果,叶片不足 5 片的弱花束状果枝不留果;每个中、长果枝留 7～8 个果。疏果时,疏小果、畸形果。

(三)促进着色

甜樱桃果实着色好坏是衡量果实外观品质与商品价值的重要指标之一。由于棚膜的反射、吸收及棚膜污染等原因,设施内的光照条件一般较露地差(为自然光照的 70% 左右)。为了提高设施甜樱桃果实的着色度,从升温到采收前的管理过程中,应注意以下几点。

(1)每隔 7～10 天擦棚膜一次,对环境污染严重的地区应缩短擦棚膜的间隔期。

(2)在肥水管理过程中,花后的追肥应以钾肥为主,加大钾肥的追施比例,对于生长势强的甜樱桃树,花后可只追钾肥。采收前 20 天减少灌水量或停止灌水,以提高果实的含糖量,促进着色。

(3)铺设反光膜。在果实膨大到着色期,在树冠下和后墙铺设银色反光膜。

(4)转叶。在果实着色期将遮光的叶片转向果实背面,增加果实见光量,促进果实着色。

(四)采收与分级包装

1. 采收

保护地栽培的甜樱桃主要用于鲜食。一般来讲,就地销售必须使果实达到充分成熟,并表现出本品种应有的色香味时采收;而外销则在果实达八到九成熟时采收较为合适,比在当地销售提前 1 周左右。

甜樱桃成熟期的科学鉴定是通过摘取少量样品,经过鉴定该品种的风味、大小和着色情况而确定。其中,果皮色泽是成熟度最可靠的指标,对每个品种来说,只有达到该品种成熟时固有色泽时,才能采收。另外,果实大小也是判断成熟度的一个指标,如滨库、紫樱桃、先锋的果实直径要求 1.9~2.2 厘米,其中,小于 2.1~2.2 厘米的果实不超过 10%。

保护地甜樱桃果实的成熟期,常因树体在设施内的位置、果实在树冠中的位置不同,而早晚不一。此外,甜樱桃每丛花能着生 1~6 个果,这些果实成熟早晚也有一定的差异。所以,采收时,要根据果实的成熟度分批采收,整个采收期可历时半个月左右。

甜樱桃的采收主要靠人工进行。采摘前要做好准备工作,如采摘篮及包装等。在采摘时,要手握果梗,用食指顶住果柄基部,轻轻地摘下。在采摘过程中,要注意保护好结果枝,保证来年丰产。

2. 分级与包装

(1)分级。分级的目的在于进一步提高甜樱桃果实的商品性。分级时首先将病果、僵果、畸形果、蛀果、过熟果、霉烂果以及杂质一块去除,然后可按照图 8-1 的标准进行分级。

(2)包装。甜樱桃是水果中的珍品之一。采用精美的包装是提高商品性的重要手段,这不仅能使果品保鲜,减少贮运和销售中的损耗,而且大大提高了果品的商品性。

以往的包装多用柳条筐、木箱等,近年来运销的多用纸箱,日本都采用瓦楞纸箱。瓦楞纸箱的构造箱内温度变化速度慢且均匀。使用瓦楞纸箱或硬纸箱作外装箱既方便运输,又便于销售。

目前设施栽培的甜樱桃多采用小包装。这些小包装材料用纸或无毒的硬塑制成盒或盘,使消费者一目了然,且携带方便。在我国,如山东烟台市芝罘区设计的 2.5 千克和 1.0 千克装的手提式纸盒;设计的 0.25 千克装透明塑料盒。在纸盒后一侧有透明装置。长途运输时,纸盒或塑料盒再装入纸箱中运输。在美国,有人用透明薄膜袋、折叠盒、果盘等小包装;折叠盒或果盘装有薄膜窗,可装果 0.5~1.0 磅(1.1~2.2 千克),如外运,再将这些袋或盒装入纤维板箱或板条箱内。在日本山形县(1985)的纸箱是用孔格纸板制成,其耐压强度可达 300 千克以上。其规格见表 9-6。

表 9 - 6　日本山形县甜樱桃用纸箱的规格

编号	容量（千克）	规格（均为内径，毫米）		
		长	宽	高
1 号箱	4	345	265	128～130
2 号箱	3	430	320	100
3 号箱	4	345	265	90
4 号箱	2	315	210	72
5 号箱	2	345	265	65

九、果实采收后的常规管理

温室、大棚甜樱桃的果实采收一般在 4 月中旬到 5 月中旬。果实采收后的管理主要包括：撤掉棚膜、土肥水管理、生长期修剪、病虫害的防治。

（一）撤掉棚膜

为了防止果实发育后期降雨，造成水分过多，降低果实品质，增加裂果等，棚膜一般在采收后才能撤掉。但温室甜樱桃在 4 月中下旬采收完毕时外界的气温较低，因此，栽植甜樱桃的温室或大棚一般在 5 月中下旬撤掉棚膜。

（二）土肥水管理

为了促进采收后修剪的树迅速恢复树势，增加新梢数量，一般在修剪后进行 1～2 次追肥和灌水。此后雨季来临，一般情况下不再灌水和追肥。9 月中旬前后秋施基肥，基肥应以腐熟的有机肥为主，速效化肥为辅。

（三）生长期修剪

生长期修剪是指温室、大棚甜樱桃采收完毕、撤掉棚膜后的修剪。由于此时树体上的果实已采收，撤掉棚膜后逐渐进入高温雨季期，因此，树体会出现旺长现象。为了有效地控制树体发育速度，促进花芽的分化，在整个生长期要进行多次修剪工作。

修剪的主要手法是疏梢、多次摘心和拉枝等。首先，疏除密集部位的旺长新梢，使树冠下部枝叶受光良好（树冠下部光斑面积占营养面积的 15％左右）；其次，是对有空间部位的旺长新梢进行连续摘心。在进行摘心的同时，可对直立大枝进行拉枝开角，以缓和新梢的生长势，促进花芽的分化。

（四）病虫害的防治

此项工作是温室、大棚甜樱桃采果后的主要管理任务之一。各地应根据当地病虫害发生情况及时进行防治，以确保甜樱桃叶片正常的生理功能。

第十章　樱桃种植经营致富花絮

一、大樱桃种植前景及关键技术

前段时间,一批来自山东的大樱桃价格高达 80 元/千克,樱桃自诞生以来历时三十多年依然畅销,即使价格远高于其他水果,仍然供不应求。笔者就樱桃未来的前景,给想种植樱桃的果农一些销售和种植建议。

(1)大樱桃种植前景。樱桃有很多种,深受消费者追捧的是国内的大樱桃和国外的车厘子,其实这两种差别并不大,甚至国内大樱桃的口感比车厘子还要好,而且相对便宜一些。

大樱桃是北方"春季第一果",成熟早,市场竞争优势明显,多年来销路不错,售价较高,有"贵族水果""钻石水果""黄金种植业"之称。

(2)品种选择。大樱桃的品种有红灯、红蜜、红艳、早红、先锋、美早、龙冠、早大果、那翁等。大红灯和拉宾斯,甜中带点酸。美早不是很甜但是没有酸味,且硬度高、易运输存储、颜色好看,价格比红灯要高,但产量不高。最甜的品种是黄蜜,但该品种皮薄,怕挤。大流品种中红灯早熟,先锋价格不高。

大樱桃贮藏性较差,不耐运输,在成熟后常温下贮存 1~2 天就会软烂,管理不当时会造成很大的损失,所以价格较一般水果高。

(3)适合地区。我国大樱桃主要集中分布在渤海湾沿岸,以烟台和大连地区为最多。随着国家政策的扶持和樱桃栽培技术的改进,陕西、河北、甘肃、山西、河南、江苏、浙江、江西、四川等多省市局部地区也开始发展樱桃种植,其发展前景广阔。

(4)市场缺口大。长期以来,由于大樱桃不耐贮运,栽培范围十分狭窄,导致大樱桃扩展速度较慢,产量有限,不能满足市场需求。由于管理水平参差不齐,投资能力大小有别,生产中大樱桃产量相差悬殊,高产典型一亩产量在 3 000 千克以上,而大面积平均产量较低。据统计,我国大樱桃平均一亩产量在 400 千克左右,这充分说明我国大樱桃产量的提升仍有非常大的空间。

（5）销售重点。樱桃是早春水果，前景相当好，春季人们的活动相对较为活跃，对新鲜的水果更是青睐有加，市场可以预见。

樱桃属于浆果类水果，表皮很薄，容易破裂，运输不便，不耐储藏。季节性水果尤其是不耐储存的水果，销售的时期是有限制的。所以对樱桃来说，要非常注意地理条件适宜，也就是说，离销售的市场较近或有能力把顾客吸引来的；或者做果园采摘，农家乐；或开发新的消费产品，提高产品的附加值。

（6）栽培关键。选择适合当地栽培的优良砧木是大樱桃栽培成功的关键，最重要的是看砧木是否抗根癌病、是否有病毒病。在大樱桃老产区，发展大樱桃一定不要用重茬地，更不能用重茬地培育大樱桃苗。在大樱桃栽培中，矮化具有绝对的优势，特别在保护地栽培中，矮化有利于控制树体的长势，促进早结果，稳产高产。一般亩栽 540 株，产量可达 2 500 千克。

二、樱桃树种植成了农民赚钱好项目

这几天，河南新安县五头镇独树村的樱桃种植户王万松忙得不亦乐乎，大量上市的樱桃吸引着众多外地游客。他说，最多的一天，他的采摘园里来了有 200 多人，自办的农家乐"人满为患"，网上销售也创造过一天卖出 650 千克的记录。

樱桃是新安县的农业支柱产业之一，经过二十多年的发展，该县樱桃种植最为集中的磁涧、五头和仓头三镇已形成了绵延 17 千米，面积达到 4 万亩的樱桃谷。2007 年，被省政府命名为"万亩无公害樱桃基地"。

正是看中了樱桃潜在的生态价值，在市区经营家电生意的王万松，于 2012 年承包了独树、马头等村的 200 多亩樱桃林，后来又种植了 70 亩草莓。2014 年，他又开起了农家宾馆。2016 年，电子商务进农村，村级服务点设在了他的种植基地，樱桃搭上"互联网快车"销到了全国各地。

新安县地处豫西丘陵山区，是河洛文化的主要发祥地之一，尽管旅游文化资源丰厚，但广大农村由于受山岭的困扰，发展缺项目，致富少门路。近年来，该县成功打造出了黛眉山世界地质公园和汉函谷关世界文化遗产。为了把旅游与富民有机结合，该县围绕打造"新安樱桃谷·洛阳西线游"目标，投入资金对连接磁涧、五头、仓头三镇 20 多千米的道路和沿线村庄进行提升和风貌改造，打造出了3D 樱桃谷画廊、天兴生态园、林山溪谷度假村等十余个旅游新亮点，并成功举办了骑行赛、樱桃节、山水牡丹观赏节等乡村旅游系列活动。在此基础上，依托传统的樱桃产业培育了省级农业科技园区，形成农业专业合作社 13 家，发展特色采摘园 50 余个。

目前，樱桃已成为该县新的旅游符号，也是农民脱贫致富的"摇钱树"。据了解，今年该县的樱桃产量超过 2 000 万千克，按照目前均价每千克 16 元计算，估计可让种植户直接增收 3.2 亿元。

三、辽宁营口刘川：密植矮化种植樱桃，亩产可达 7 500 千克

你会用哪些词来形容樱桃？是玲珑剔透、颜色鲜艳？还是营养丰富、味道香甜？近年来，随着生活水平不断提高，越来越多的人慢慢喜欢上了吃樱桃，以至于市场上出现了供不应求的情况。

辽宁营口的一棵果树实业有限公司董事长刘川从 2013 年开始研究樱桃树的种植，经过 3 年的实验与培育，于 2016 年实现了樱桃树的密植、矮化与可移动技术。刘川介绍说："通过密植技术，每亩地可以种植 1 500 棵樱桃树，是传统种植棵数的 30 倍；通过矮化技术种植出来的樱桃树最高只有 1.5 米左右，是传统樱桃树高度的一半，这样不仅便于采摘和修剪，而且亩产较高。另外，与传统樱桃树 6 至 7 年的产果时间相比，利用新技术栽植的樱桃树 2 至 3 年就能结果，且樱桃的亩产量可达 7 500 千克，是传统亩产量的 15 倍。"

传统果树的种植期较长，比如樱桃树，最初 5 年是投入期，第 6 年才会结果，第 8 年才会带来经济效益，而且由于结果时树形高大，采摘、修剪都很不方便，所以后期管理成本较高。果树的矮化和密植技术解决了这些问题，以樱桃树为例，用这些技术种植的樱桃树，一般第 2 年即可结果，而且产量较高。同时，矮化密植栽培省工省力，具有更高的经济效益。

另外，据刘川介绍，他在种植樱桃树的过程中还采用了智能温控大棚，从而能够通过提前制冷的方法让樱桃休眠，然后逐步升温，使樱桃可以提早开花结果，从而实现了樱桃的全年供应。另外，刘川还计划用快繁技术种上满山的芝樱花，以此来发展观光农业。

四、王典松：种植十亩大棚樱桃年入百万

通过建设日光温室式大棚，大樱桃上市时间提前至少 15 天，10 亩地大棚樱桃年销售额过百万。烟台农科院研究员张宗坤的《大樱桃保护地栽培技术研究》，经过 20 年实践检验，实现完美转化。提前上市抢夺市场先机，烟台大棚樱桃呈现蓬勃发展态势。

1. 红红的大樱桃上市了，每千克卖出 300 元高价

有一天，在芝罘区黄务街道官庄村王典松的樱桃大棚里，红红的红灯、美早大樱桃已经挂满枝头，当天采摘的 20 千克大樱桃刚采摘不久便被买走。

王典松从 2006 年试种大棚樱桃，到现在已建有 10 个樱桃大棚，平均每个棚占地 1 亩，去年 10 个大棚樱桃销售额超过 100 万元。"我们所在的大棚是建成第三年的大棚，今年产量能有 1 000 多千克，现在每千克卖出 300 元。"王典松说。

通过建设大棚和良好的管理技术，王典松的大樱桃比同类大棚樱桃能早上市 15 天左右，且保证了品质好、甜度高，这一切还要得益于烟台农科院研究员张宗坤的日光温室式大棚栽培技术支持。

2. 课题研究与种植果农相互合作，大棚樱桃高产增收

1996 年，烟台农科院研究员张宗坤发布关于大樱桃栽培技术的研究成果，从那时起，张宗坤就来到王典松的樱桃大棚里进行技术指导，这里也成了他技术推广的示范点。张宗坤推广的日光温室式大棚樱桃有什么优势？他给记者算了一笔账：以一亩地大棚樱桃为例，大棚成本约 11 万～12 万元，樱桃树采取购买移栽方式种植，按照 2015 年每千克售价 240 元到 300 元，第一年产量 300 到 400 千克，当年基本上能收回大棚成本。除硬件设施，大棚樱桃的管理至关重要。"在施肥管理上，地下我们用微生物菌肥埋土里，树上喷微生物液体肥，再加上生长期的修剪，特别是果实发育期的管理，使得树体发育好，不流胶，单果重量在 12 克以上，大樱桃品质好，糖度高，售价是目前市场价的两倍。"张宗坤说，"王典松这里产量最大的棚年产量 1 500 千克以上，预计今年 10 个棚总产在 7 500 千克左右。"

3. 烟台大棚樱桃蓬勃发展，管理水平参差不齐

随着大棚樱桃的经济效益日益显现，越来越多的烟台果农选择承担高投入风险，加入到种植大棚樱桃行列中。张宗坤介绍，目前，烟台大棚樱桃发展可谓"风

起云涌"。"芝罘、莱山、栖霞、福山、牟平、蓬莱、招远等地都有大棚樱桃种植,保守估计全市大棚樱桃有 1 000 亩。"张宗坤说。在种植面积扩大的同时,张宗坤也发现了果农管理水平参差不齐的问题。"今天上午还有人拿着树枝来问是什么问题,许多果农还在大棚里加了炉子用来升温,结果两亩地的产量还不到 350 千克。大棚硬件到位了,问题出在树体管理上,果农还需要加强大棚樱桃的栽培技术学习。"张宗坤说。

五、山东栖霞"樱桃姐"刘汉真种樱桃年入 **20** 万元

凌晨 4 点天刚蒙蒙亮,刘汉真开始了一天的忙碌,先铺好白色泡沫箱,再把一桶桶的樱桃倒出来按照大中小分级挑选,她要赶在早上快递发货前把大樱桃分拣装好。看着刘汉真坐在樱桃堆里熟练的动作,如果不是疼得难忍的时候站起来揉一下胀痛的残腿,谁都不会把她看作是残疾人。就是这样一位右腿残疾的女人,几年来,克服困难,勤劳创业,用坚强意志和辛勤劳作趟出了一条属于自己的致富路。

1. 遭遇下岗住进荒山

刘汉真今年 52 岁,原来是山东栖霞烟厂的一名女工,2003 年烟厂倒闭下岗。因为没有什么文化,下岗后的她找不到工作,于是回到婆家栖霞西城镇下砚村承包了村里 20 亩荒地。荒坡开山,白手起家,干什么好呢?种果树成本压力太大,山上水利也不便,左右斟酌,刘汉真就先栽上了相对好种的樱桃苗,又和亲戚们借钱买了 300 只鸡苗,在山上养起了鸡。山上的辛苦是常人难以想象的。丈夫在外工作靠几百块的工资养家,寒冬酷暑,刘汉真一个人既要给樱桃苗浇水喂肥,又要来回爬坡喂鸡,腰酸背痛也顾不上休息,每天吃饭不定时,急性肠炎经常犯。2008年生了一场大病的刘汉真做了子宫切除手术,手术后为了干活方便,她就在山上盖起了 6 间瓦房,干脆搬到离村两千米的山上。第一年养鸡由于没有经验,不懂防疫,初春气温低,鸡仔得了气管炎,疫苗打晚了,一个月时间里 300 只鸡仔只剩下了 20 只。在山上最初几年的境况常常是辛苦一年也赚不到钱,还经常需要亲戚朋友们接济。

2. 意外致残发力樱桃

屋漏偏逢连阴雨。2014 年冬天,命运给了刘汉真又一重击,在山上喂鸡的她不

小心滑倒摔碎了膝盖骨,因为手术意外,右腿膝盖以下失去知觉,从此走路都只能靠拐杖踱步。这个坚强的女人并没有被命运打倒,不能养鸡了就专心种樱桃。所谓"樱桃好吃树难栽",最开始栽的樱桃苗经常被外人拔走,旱涝灾害也会损失很多成熟树苗,丢了再补,从开山种植到现在,刘汉真先后3次大面积补栽苗木。没有种植经验就自己看书摸索。为了研究不同品种的优良种植方法,刘汉真白天拉枝、摘心,遇到技术问题晚上便挑灯看种植书自学。

3. 拨云见日苦尽甘来

凭着十年如一日的用心经营,刘汉真的樱桃园渐渐成型。一到五月,一簇簇的红樱桃挂满枝头。如今,刘汉真的20亩樱桃园里,一排排茂盛的樱桃树立满山坡,梅枣、红灯、沙美特、拉宾斯等9类中外品种样样俱全,去年试种的100棵最新品种龙冠也丰收了。借助农村电商兴起的东风,通过政府牵线和电商广告,樱桃销售线上线下供不应求,注重品质的用心管理使刘汉真的樱桃深受市场欢迎。"这几年樱桃季我都会发货到上海市场,一天最多可以发出300千克。"刘汉真告诉记者。2015年樱桃园的种植总收入10万元,今年种植园收入预计20万元。刘汉真还跟女儿学会了微信,如今还有了自己的"樱桃姐"微信圈。

4. 致富路上脚步不止

刘汉真的樱桃园发展成型后,很多村民都过来请教,她每次也都把自己的经验和技术毫无保留的传授。因为热情好客,北京、上海、天津等地只要有过来的朋友,不管多忙她都会照顾,现在每天都会接待好几拨客商和朋友。看着樱桃园里人来车往,刘汉真的手头更忙碌了,"樱桃很快就忙完了,接下来还准备利用空地养鸡。这是今年刚买的2 000千克玉米饲料。"刘汉真指着屋前码得整整齐齐的玉米袋子说道。"现在园子里散养着30只母鸡,20只鸭子,主要是卖蛋,今年计划上500只跑山鸡,以前没有干好的事情,我想再试一试。"说到未来的致富打算,刘汉真腼腆地笑了,疲惫的面庞上露出的是憧憬和自信。

六、北碚:小樱桃大产业,小华蓥村种植樱桃走向致富路

北碚区金刀峡镇小华蓥村地处海拔600米的华蓥山脉,面积6.95平方千米,有村民660户,建档立卡贫困户70户216人,是北碚区三个市级贫困村之一。小华蓥村有着30多年的樱桃种植历史,由于当地气候宜人、阳光充足,樱桃果实肥硕、鲜红

透亮、含糖量高、甘美多汁。

1. 高品质樱桃无人识

虽然种植历史悠久，但在 2014 年以前，小华蓥村的樱桃却"长在深闺无人识"，因为没有修通农村公路，当地人无奈地感叹"地无三尺平，行车路不通，山货卖不出，外人进不来……"再加上当初缺乏发展意识，在房前屋后、路边田坎，村民们随意地栽种樱桃树，看起来零零散散的，根本不成气候。樱桃成熟后又缺乏运输渠道，村民只能背起背篓，一路步行下山到镇上叫卖。虽然樱桃品质好，价格却卖不起来，每千克价格不到 10 元。

2. 樱桃价格翻两番

自 2015 年开展整村脱贫以来，金刀峡镇通过自筹资金和争取国家财政扶贫资金相结合的方式，于当年 11 月建成了 4.8 千米的环山公路，把周边原有的农村公路连为一体，并疏通边沟，平整路面，消除安全隐患，打通了村民出行和樱桃销售的道路。

在该村党总支书记成伟的带领下，村里把种植樱桃作为整村脱贫发展的特色主导产业，通过组建专业合作社，将青山沟组和隆兴寺组之间分散种植的樱桃树改为连片种植，建成樱桃基地，成立了北碚区半边山果树专业合作社。目前，全村种有原生态红樱桃 350 余亩，自愿申请入社成员 100 户。同时，通过拍摄樱桃生长环境，在电商平台和微信平台进行宣传，不少市民慕名前来购买，樱桃的价格从过去每千克10 元涨到 30 元，种植果树的村民收入翻了两番。

3. 发展乡村休闲旅游业

樱桃是时令性水果，不易保存，自然成熟的采摘期只有半个月，仅凭村民自采销售显然不够，于是小华蓥村在 4 月 22 日—5 月 7 日搞起了樱桃采摘节，让更多的人直接来村里采果、观光，既实现了促销，又发展了乡村休闲旅游业，一举两得。

七、付宝库：种植美早樱桃，引领村民致富

连日来，在西丰县天德镇天来村的山沟沟里呈现着一派忙碌的景象：村民在书记付宝库的带领下，正在移栽美早樱桃，只见他们扶起树苗，撒上肥料，挥锹培土，夯实土层，浇水灌溉，一切都是那么地井然有序……

年初以来，付宝库依托本村丰富的自然资源，调整产业结构，寻求特色产业突破

口,他带领村民四处考察,谋求发展乡村产业,从瓦房店市得利寺镇引进辽南水果美早樱桃,弥补辽北水果产业的空缺,逐步探索适合本地的农业产业特色发展之路。

人们都说"樱桃好吃树难栽",主要是因为樱桃的后期管理跟不上,樱桃树自由生长,长成了"参天大树",让人们望"果"兴叹。大棚种植樱桃更难,天来村这次引进的樱桃树都不超过 2 米高,通过剪枝、拉枝、压枝来控制树势,使果树成排成行,高矮基本一致,树冠大小一样。为了提高樱桃的品质,对棚内的土壤结构进行改良,加入山皮土,施以农家肥,既降低了成本,也给果树用上了"营养餐"。

美早樱桃具有个大、色泽鲜艳、甜度高、果肉肥厚多汁等优点,显得十分珍贵,所以价格一直都比较贵。今年,天来村建设了三个大棚,每棚占地约 3 亩,现在栽植的樱桃,明年 4 月份成熟上市。

"只要保证温度在 18 ℃以上,深井水浇灌,天来村的美早樱桃一定会种植成功。"技术员郭新春如是说。温度是种植美早樱桃的最大难关,为了有效地渡过难关,天来村采取建设冷棚,三面砌上砖墙,正南铺上塑料布,再在塑料布上面扣上棉被,确保美早樱桃安全过冬。

"我们有种植果树的丰富经验,今年的樱桃必须成功,也一定会成功。下一步,我们计划建 20 个大棚,引进辽南美早樱桃和棚桃,并对种植户无条件的提供技术支持,带动村里建档立卡的贫困户脱贫致富。"付宝库说。

八、河南博爱县小底村:小樱桃结出致富果

博爱县寨豁乡小底村房前屋后,满山遍野种的都是樱桃树。很多农民正在樱桃树下施肥或修剪树枝。村党支部书记吴崇波说:"樱桃不大,却是俺村脱贫致富的主导产业。正是依靠种樱桃,俺村摘掉了贫困村的帽子,很多家庭盖了新房、买了轿车。"

小底村地处太行山南麓,交通不便,土地贫瘠,农民种粮食收入微薄,曾是当地有名的贫困村。2002 年,当地政府给小底村送来樱桃树苗,并试验种了 120 亩。但是,习惯种粮的村民并不接受,仍然在樱桃树中间种粮食。没想到,4 年后樱桃挂果了,收益远高于种粮。村民们发现樱桃树是个摇钱树,于是纷纷种植樱桃。如今,小底村的樱桃树种植面积已达 1 000 亩以上。

今年 65 岁的吴冬平因为种樱桃而闻名全乡。去年,他种 4 分地的樱桃,挣了2.8 万元,当地人啧啧称叹。谈起种樱桃的秘诀,他说:"樱桃好吃树难栽,不下苦功

花不开。关键是从小就得像养孩子一样呵护，精心管理。"

从 2008 年开始，小底村年年举办樱桃节，知名度不断扩大。很多经销商慕名而来，村民足不出户就能将樱桃销售一空，很多贫困户因种植樱桃而脱贫，小底村也在 2015 年实现脱贫摘帽。

在小底村，记者看到最早种植的一批樱桃树。吴崇波说："樱桃树的寿命一般是 20 年，最早种的老树已经进入衰老期。"为此，博爱县扶贫办专门到山东引进了 6 个樱桃新品种。这些新品种生长快，3 年就能挂果，樱桃成熟上市也早。樱桃一般 5 月中旬成熟上市，每千克 40 元左右。但如果能在 5 月初上市，可以卖到每千克 100 元。

樱桃有人抢着买，樱桃树也有人要买。村民吴秀芹 2002 年种植的一棵樱桃树高大粗壮，至今仍枝叶繁茂，有商家愿出 2 万元买走。她说："我种了十多年，也有感情了，舍不得卖。再说，这棵树每年结的樱桃就能卖 5 000 元，卖了也不划算呀。"

如今，小底村已成为远近闻名的樱桃村，村里只要有劳动能力的，都已经脱贫致富。到去年年底，村里还有 11 户贫困户。为了给这些贫困户"兜底"，在县扶贫办的支持下，村里又平整了 200 亩坡地，今年春天种上冬桃，剩下的贫困户可以作为股东年年参与分红。吴崇波说："未来小底村将依靠樱桃和冬桃两个产业，让村民越来越富，让没有劳动能力的贫困户也脱贫，真正实现小康路上不落一人。"

九、青岛：特色产业扶贫，大樱桃变身"脱贫致富果"

近日，济南市民乔女士在朋友圈晒图，远在美国的儿子通过快递给她寄来一箱满载爱意的大樱桃，她收获到满满的感动。乔女士收到的大樱桃，是从青岛平度市经济薄弱镇——云山镇发来的。如今，云山镇大樱桃正搭乘电商快车"飞"往全国各地，云山镇的贫困村、贫困户，把贫困的帽子抛到九霄云外。

云山镇铁岭庄村有村民 380 多户，全村大棚樱桃、露天樱桃种植面积 2 000 多亩。村民车玉顺种植了 3 亩大棚樱桃，每年 4 月上中旬开始上市，收获期一个多月，一季樱桃就收入 15 万元。作为省定贫困村的赵家庄村，和樱桃种植专业村铁岭庄村相隔不远。云山镇通过产业扶持，使这两个村结成了帮扶对子。近三年来，赵家庄村家家户户发展起了大樱桃种植，放眼望去全是樱桃，大的、小的、红的、黄的，品种众多，面积达到 550 亩。2016 年底，这个村通过大樱桃等主导产业的发展成功摘掉了省级贫困村的帽子。

"一村一品",做大做强大樱桃,是赵家庄脱贫致富的选择。该村以"精准扶贫专项资金+自筹"的形式,利用40亩机动地规划建设20个大樱桃棚。利用70万元上级扶贫资金,建成"赵家庄村精准扶贫产业园",由贫困户参与园区建设,在产业园招商引资工作完成前,将园区内大棚以较低价格承包给贫困户。招商到资后,吸引贫困户到产业园打工,变"被动扶贫为主动创业",提高了贫困户的干事创业热情,又增加了村集体和贫困户的收入,实现双赢。特色产业园每年将为村集体带来10~20万元的收入,实现该村长期脱贫。

"现在进入收果高峰期,中心一天能发出1万多单,就按2.5千克一盒装来算,每天从中心发出的大樱桃就有两三万千克。每天从早上五点开始,一直忙到晚上九点,空运发至全国各地,一般48小时内都可送达。"在位于平度市云山镇大樱桃批发市场旁的顺丰快递冷链物流分拨中心内,中心经理衣启军一边忙着和工人们一起分拣、包装大樱桃,一边告诉记者。配备冷链物流车辆,直接把大樱桃等特产运往北京、天津、上海等大城市。

通过发展电商,线上线下相结合的销售方式,把樱桃销往全国各地,不仅买家不用出门就能品尝到远在千里之外的新鲜樱桃,更重要的是贫困村通过发展电商销售樱桃,帮助贫困户全部脱了贫。

"自从电商发展起来后,每年樱桃旺季邮政物流、顺丰以及微商、淘宝店主等都来我们村取货,村民们不用出村就能实现樱桃高价销售,钱袋子鼓起来了。"赵家庄村支部书记陈云宝自豪地说道。

从大棚樱桃上市到露天樱桃收获结束,有200多家电商驻扎在这个胶东小镇。云山镇电商的风起云涌,一方面得益于4万亩云山大樱桃具有"农业部农产品地理标志认证"的金字招牌,另一方面还得益于平度市实施"互联网+服务再造"行动计划,推动电子商务进农村的实施。"仅4月份,云山镇网销大樱桃10万多单,快递费就有1500多万元,连续两年全国网销量第一。"云山镇党委书记孙广林介绍说,等到露天大樱桃大量上市后,这一数字还会成倍增加。

目前,云山镇大樱桃种植面积达4万亩,其中大棚面积1.5万亩,有红灯、黄蜜、美早等30余个品种,年产大樱桃2500万千克,带动农民增收9.5亿元,188户贫困户、244亩大樱桃,每户平均拥有一亩大棚、一亩露天大樱桃,收入三万元左右。帮村民们搭上了电商快车,致富路也越走越宽。

十、十里樱桃映红致富路

清明已过,春林初盛。五一小长假,正赶上一年樱桃红的季节。宣化区侯家庙乡小慢岭村,以侬樱桃采摘园,红红的樱桃硕果满枝,鲜红的果实与翠绿的枝叶交相辉映。许多游客一早儿或带着孩子,或约上好友,一边感受采摘乐趣,一边饱览田园美景。

"樱桃园在咱们这儿可不多见,趁着假期带着孩子和老人来看看,不光能大快朵颐,还能接接地气儿。"市民李女士一边将一颗颗诱人的樱桃摘下一边说。采摘园里,大多数游客都是自发"组团"前来,玩得十分开心。

"把城里人领进来,让村里人富起来。"说起种植樱桃,小慢岭村党支部书记高彦根介绍,为推进精准扶贫,发展农业旅游产业,小慢岭村引进草莓种植,并成立合作社,建起草莓日光温室无公害大棚50个,年产草莓20多万千克,通过发展采摘游,年收入达1 000余万元。小慢岭村逐渐成为当地有名的草莓村。

"现在,周边村镇草莓种植面积不断扩大,市场竞争激烈,单一的采摘品种对游客吸引力不大。"高彦根说。认识到这一问题,小慢岭村开始尝试丰富种植种类。

2015年底,村里的致富带头人高华平抱着试试看的想法,从山东引入了樱桃种植,并建起示范园。经过近两年时间培育,一棵棵樱桃树越长越好,今年开始大面积挂果,因为口感好。这"移民"来的水果,不仅受到村民的喜爱,还吸引了大量游客。

"示范园现在有樱桃树7亩,亩产约250千克,采摘每千克按240元计算,总产值能达到42万元。"樱桃林下,说起收入,高华平一脸笑意计算着,他告诉记者,如今小慢岭村不少村民来学习樱桃种植方法和技术。在宣化区和侯家庙乡的扶持下,村里不仅规划了255亩的"十里樱园",还成立了樱桃种植合作社。

"两年后,'十里樱园'就大面积挂果了,到时候,小慢岭就是半村草莓,半村樱桃,那时游客再来,定是草莓樱桃相映红。"高彦根说。

十一、樱桃照亮"致富梦",青岛北宅樱桃节收入超千万

5月7日,又是一年初夏时节,山谷中的樱桃在艳阳照耀下悄然红了枝头。崂山

小樱桃、崂山樱桃、砂蜜豆、沙蜜脱等数十个品种，40 余万株近万亩樱桃，樱桃扮靓了今年的北宅樱桃节。互联网和微信平台把北宅樱桃等农特产品"卖上了网"，"卖上微信平台"，网络销售 2 600 余单，其中樱桃园 1 200 单，农家宴 400 单，特色产品销售 1 000 单。

红樱桃"红"了北宅人的"致富梦"。如今北宅樱桃节已走过 21 个年头。2016 年，樱桃节期间共吸引游客 55 万人次，旅游相关收入约 8 652 万元，今年樱桃节农家宴收入首次超过了 1 000 万元。近年来，樱桃产业已成为北宅种植业的支柱和龙头，而"樱桃节"也成为街道独特、靓丽的名片，小樱桃正打造着北宅人的"致富梦"。

1. 创新形式：从亮点到卖点

因为人均地少又山地居多，崂山北宅社区不适宜大面积耕种粮食；也因为拥有崂山水库和崂山核心景区，肩负为青岛涵养水源的重任，石岭子以北 30 个社区不能落户任何工业项目和大型旅游设施。通常的农村产业化、城镇化进程都在北宅遇到门槛，北宅该怎样守护好这片山水，又不耽误自身的发展？这种资源环境与区域发展的两难困扰着无数乡村。

"樱桃节"创意的产生有被逼无奈的色彩。1995 年以前，樱桃不到 4 元钱一千克，约 600 颗樱桃一千克，人工采摘的成本高于樱桃的价值。1995 年第一届樱桃节开幕，引入了市民享受采摘乐趣的观光游思维，自驾游的市民交少量费用就可以自由地采摘樱桃、品尝劳动果实，这对没有农村生活经验的城市人来说十分新奇，第二届樱桃节期间樱桃就好卖了。发展到今年的第二十一届樱桃节，不仅让北宅农民"腰包鼓"，而且密切了城乡联系，增进双方了解，社会效益成果颇丰。

传统山地农业效率不高，转变方式，把山地农业的"亮点"经过包装策划、整合衍生，成为占据旅游经济大板块的近郊游"卖点"，北宅调动了相当的智慧。

立足农业本身，北宅街道把分布在社区的 40 余万株樱桃树规划成 36 个社区樱桃园，又重点向游客推出了 14 个精品樱桃园，其中，大崂樱桃山谷观光园因为种植相对集中、规模大、品种全，是樱桃节的主会场。

大崂樱桃山谷观光园负责人王德东说："山谷加山谷辐射带动的区域，在樱桃节受益的农户有七八十户，每亩地能收入 6 000～8 000 元。"但这些收入，并不是村民们的"副业"。樱桃山谷以合作社方式运作经营，由专人负责管理，许多农户把樱桃树"托管"给合作社，自己可以去做生意、进城务工，由于合作社的集约管理效率高、费用低,已经成为最受欢迎的经营方式。

樱桃节开幕当天就接待了4万人,"带孩子摘樱桃""和部门同事游北宅"成了5月以来每个周末不少青岛人的活动主题,周末小高峰,北宅的日接待量就达到8万人。有了客流量,有了形态初显的产业链,有了占据产业链不同位置的农民,小小樱桃引发北宅的一系列巨变。

2. 务实办节:北宅街道扮演"服务员"

"延续近几年办节思路,简化办节流程,将资金节省下来投入到完善基础设施和外宣推介等方面。"通过加大外宣工作力度樱桃节期间每天都会有数万人涌入北宅,如何全方位做好配套服务是一项非常重要的课题。在樱桃节前期,街道下大力气完善基础设施建设。联合交通部门进行调流,使整个樱桃节期间交通通畅,未出现大面积堵车情况,市民游客反应良好。

北宅樱桃节以人为本,注重内涵。街道根据实际情况,利用媒体平台制作大量温馨提示,涵盖高峰调流、行车路线、保护环境、注意安全等多个方面,一目了然。在街道的建议和指导下,各大精品樱桃园为游客配备了小凳子,人性味十足,赢得了广大游客的一致好评。今年樱桃节期间,街道利用网络进行了网上销售网上预约,广大游客在家预定成功,既节省了时间也有了采摘的方向,同时开拓了市场。

3. 节庆带动:北宅人家门口"鼓腰包"

今年57岁的杨秀琴经营着毕家北山昌盛樱桃园,这个占地500多亩有5000多棵樱桃树的果园是北宅最大最美的樱桃园之一,然而几十年前这里还是一片荒山。

20年前,原本在家做全职太太的她没事可干,便承包了山脚下这片当时的荒地,将原本高低不平的荒山地打造成一个大果园。10年前,杨秀琴先后投入200多万元精心打造的樱桃园,终于初具规模,并正式开门纳客。"今年我们这儿的樱桃大丰收,光樱桃收入就能达到80多万元,加上农家宴能收入120万元左右"言语间,杨秀琴荡漾着满脸的幸福。

今年实行自行定价,樱桃园主和农户根据各自樱桃长势和产量,以市场为指导,定出自己心仪的价格,市民和游客可以多方比较,选择满意的采摘区域。这样既可以确保农民利益不受损害,又能保证市民游客吃得开心。

樱桃节的举办,吸引了广大的游客和市民前来参节,农民不仅有门票收入,还节省采摘的人力、物力,经济效益明显提升。另外,头脑灵活的农民们还善于把握商机,在街道的指导规范下,农家宴、农家旅馆生意红火,深受市民喜爱。"政府搭台,樱桃为媒,经济唱戏"的惠民之路越走越宽。

当然,樱桃节的举办不仅让北宅农民"腰包鼓",而且密切了城乡联系,增进双方了解,社会效益成果颇丰。樱桃节为游客紧张忙碌的都市生活增添了新鲜元素和趣味体验,也是城乡沟通的有效模式,有利于加强城乡居民交流与了解,促进社会和谐发展。

4. 互联网+:带来生态旅游业"精品化"

由青岛红樱生态旅游开发有限公司总经理、青岛北宅樱桃专业合作社理事长王和生投资建设的大崂樱桃园被国家农业部命名为农副产品无公害示范基地。

多年来,王和生苦心钻研果树栽培技术,从事崂山樱桃的开发研究,先后主持承担了崂山区科技局"世界樱桃良种引进技术研究与示范区"项目、青岛市"农民专业合作社示范"项目等项目建设。引进世界樱桃品种 20 多个,发展合作社成员 200 余人,带动果农 5 000 多户。

随着互联网技术的迅猛发展和线上运作模式的逐渐成熟,大崂樱桃园因"网"而著名,成为集生产、观光、采摘、餐饮、销售一体化的特色旅游园区。

北宅生态旅游经济社会效益借"网"攀高。"立足优质资源,就要跳出粗放发展模式。"宋仁登说,通过"互联网+",围绕打造精品高效农业观光园、精品旅游观光路线下功夫。北宅街道已累计投资千余万元,完成街道、七峪及大崂社区旅游规划编制,创建 3A 级景区 3 个、省级旅游特色村 5 个、省级农业旅游示范点 1 个、省级精品采摘园 8 家、好客山东最富年味乡村 2 个,推动旅游项目向精品化转型。北宅年旅游人数突破 291.6 万人次,旅游收入达 2.01 亿元。

北宅的小小樱桃引发出山乡巨变:由樱桃引出樱桃节,节会派生出全年不休的农家观光游,观光游又衍生出观光产业链,带来了人流,带动了农业与服务业的深度互动,而最终,小小樱桃将带动北宅旅游产品、近郊游品牌的诞生。

十二、贵州纳雍:满山樱桃红似火,产业"造血"致富忙

暮春初夏,正是樱桃成熟之际,贵州纳雍县库东关乡游人如织,街头巷尾都摆满樱桃,喧嚣热闹的叫卖声打破山区小镇的宁静。当地满山遍野的"玛瑙红"樱桃,吸

引着游客,也富裕了村民。

"要买樱桃不是?马上就来。"在库东关乡陶营村的一片樱桃园里,50多岁的村民杨友能一手扶扁担,一手接电话,担子两头火红的樱桃把他肩上的扁担压弯了,手里的电话响个不停。

"早上6点多就开始忙起,请了4个人都忙不过来,回头客很多。"谈起生意,满脸汗珠的老杨兴奋不已,"山上十几亩地都种上了'玛瑙红',今年保守估算也有10来万元收入吧!"

纳雍县位于贵州毕节市,地处乌蒙山区,喀斯特地貌发育典型,山高谷深,交通不便,土壤贫瘠,贫困程度深,扶贫任务重。过去外地人常说:"纳(纳雍)威(威宁)赫(赫章),去不得!"以此寓意那里的恶劣环境和贫困状况。

自国家在毕节设立以"开发扶贫、生态建设、人口控制"为主题的农村综合改革试验区以来,多部委和民主党派对口帮扶,当地扶贫开发点、面同步,产业格局不断搭建,基础设施日趋完善。

"有产业,农户发展才有支撑,脱贫致富才不是空话。"库东关乡陶营村村支书肖军说,"发展樱桃产业真是选对路了,土地亩产增收不少,樱桃富裕了不少人。"

正是凭借着国家惠民政策和民革中央多年不懈帮扶,纳雍县逐渐摆脱"输血"发展的局面,转而因地制宜搞产业,走上自主"造血"发展之路。

库东关乡致富带头人徐富军说:"没有好政策和民革中央的帮扶,樱桃产业发展不会这么快。树立品牌、基地建设、产品有机认证、产业发展等,每一步几乎都有民革的支持。"

如今,徐富军成立了纳雍县万寿玛瑙红樱桃有限公司,经营着100多亩的樱桃园,正在建立起完善的樱桃产销链。而樱桃产业也在纳雍县的10多个乡镇全面铺开,并引领当地山区特色农业的发展。外出打工的不少人都返乡发起了"樱桃财",吃上了产业饭。

"家里9亩地全种樱桃,今年预计有六七万元的收入。"维新镇坪子同心村村民杨勇科说,"政府免费发苗,定期组织培训,还派专家指导,管理维护都有保障。"

29岁的杨勇科是村里较早返乡种樱桃的年轻人,谈到种樱桃带来的变化,他感慨不已:"在家里种樱桃既能赚钱,还能照顾一家老小,比外出打工强太多,现在70%的老乡都回来种樱桃了。"

目前,纳雍县樱桃种植规模已有6.7万亩,成为百姓增收致富的支柱产业,2015

年预计樱桃产量达 12 600 吨,总产值近 1.5 亿元。纳雍县维新镇党委书记袁永忠说:"贫困山区只有实现产业'造血',才会真正实现百姓脱贫增收致富。"

十三、产业融合:满树樱桃颗颗赚钱,农民有收获还有休闲

樱桃树间拍照,情趣盎然采摘,生态教育其乐无穷……行走在坐落于灞桥区的陕西致和生态园林观光有限公司里,樱果飘香,风景如画。

"这里的樱桃都是无公害产品,不仅可以享受风味樱桃,还能让身心回归自然,体验田园乐趣,每个产业都是一道景观。我每年都带家人来这儿,因为樱桃与此地结缘。"来自西安的市民李一洋告诉记者。

5 月 20 日,白鹿原首届儿童樱桃艺术节在这里举行,这是一次将农业产业与教育产业串联起来,实现融合发展的生动见证。樱桃,成为联结产业的关键。

活动期间,以家庭为单位的亲子团进行了樱桃采摘比赛,开展了由樱桃衍生出的百米画卷比赛、移树活动、牧羊少年等一系列丰富多彩的儿童教育活动。

陕西致和生态园林观光有限公司负责人告诉记者,"走出灞桥樱桃看樱桃,是新时代下樱桃发展的新方向,通过活动的举办,不仅促进了樱桃产业的发展,打开了儿童、樱桃、教育相结合的新局面,更推动了农业与教育的融合发展。"

"农民卖农产品,更要卖风景,让产业与其他业态深度融合,农民增收致富就好比装上了发动机。"灞桥区农林局果业科负责人介绍,通过产业规划布局,把产业"种"成景观,最大限度提升产业影响力。"让广大农民积极参与乡村旅游,融入农业发展中,才能真正达到稳定增收,最终实现共同富裕。"

休闲农业已经成为现代农业发展的新方向,承载着市场"钱景",灞桥樱桃首当其冲。

如今,一个围绕樱桃生产种植、采摘体验、休闲旅游为核心的特色产业链已在灞桥区蔚然成风,灞桥樱桃,正以一副高姿态向着未来阔步迈进……

十四、怎样种出好樱桃:蜜蜂授粉＋绿色防控＝好樱桃

"年年花市几曾淹,斟暖量寒日夜添。采得百花成蜜后,为谁辛苦为谁甜。"提起蜜蜂,很多人还仅仅停留在采花酿蜜的印象中,不过,随着农业技术的开发,人们对

蜜蜂的利用越来越成熟,有研究结果显示,蜜蜂为农作物授粉产生的价值是蜂产品本身价值的 143 倍。特别是在推进农业供给侧改革、确保农产品质量安全的大背景下,蜜蜂授粉以及配套的绿色防控技术给农作物口感品质和质量安全带来的提升更是不容忽视。如今,在樱桃、香瓜等很多经济作物大棚里,蜜蜂又重新回到人们的视线。

河北秦皇岛市山海关区樱桃种植面积有 3.2 万亩,其中,位于石河镇的 1 000 亩有点与众不同:这里是全国樱桃蜜蜂授粉与绿色防控增产技术集成示范区。蜜蜂授粉技术、理化诱控技术、生态调控技术、科学用药技术等一系列示范技术集中在这 1 000 亩樱桃园里,目标就是要为樱桃蜜蜂授粉和绿色防控摸索出一套集成技术方案。

赵中华和黄家兴分别是来自全国农业技术推广服务中心和中国农业科学院蜜蜂研究所的两位研究员,也是这片示范区的技术顾问。一来到石河镇陈庄村,他俩就一头扎进樱桃园里,赵中华对着黏虫板、诱捕器仔细找起果蝇来,黄家兴则认真比对蜜蜂授粉后的樱桃果型有何不同。

跟着赵中华和黄家兴一起钻进了樱桃园里,来看看这里的樱桃到底有什么新鲜种法。

1. 蜜蜂授粉:产量品质双提升

浑身具有开叉的茸毛和携粉足,便于蜜蜂黏附、携带花粉;特化的口器利于吸食花蜜;随身携带的蜜囊方便储存花蜜——蜜蜂形态结构的特殊性,使它成为最高效的传粉使者。

"蜜蜂群居生活,群体内有发达的信息交流系统,蜂群可移动,蜂粮可储存,以及蜜蜂授粉活动的专一性等等,这些特征都有助于蜜蜂完成授粉。此外,樱桃花是双性花,即同一朵花内包括雄蕊和雌蕊,大多数樱桃品种自交不亲和,也就是说,来自同一植株上的花的花粉无法满足樱桃坐果结实的需要。"在中国农科院蜜蜂研究所副研究员黄家兴看来,由蜜蜂完成樱桃授粉任务是最合适不过的了。

蒋连城是陈庄大樱桃专业合作社理事长,见到黄家兴,他难掩兴奋之情:"黄博士,蜜蜂授粉这一招现在我们是真服了,一亩地放上两三箱蜂,樱桃坐果率明显就上来了,我估摸着怎么着也得增产两三成。"

尽管已经令蒋连城喜出望外了,但其实他还是低估了蜜蜂授粉的增产效果。根据中国农科院蜜蜂研究所的研究,樱桃蜜蜂授粉后产量可增加 40%。"蜜蜂授粉可以提高柱头花粉沉降数,保证樱桃充分授粉,授粉适时的话,还能有效提高受精率,这些都有助于大樱桃产量提高。"黄家兴向记者解释了蜜蜂授粉为何可以增产。

事实上,蜜蜂授粉对大樱桃果品品质的提升效果同样明显。在陈庄大樱桃合作社的种植基地里,黄家兴翻出一张照片给记者看。照片上是同一片基地里靠风媒传粉时的樱桃果型,对照蜜蜂授粉后的樱桃果型来看,果然品相不佳。

这几年樱桃种植面积越来越大,再加上今年普遍增产,市场价格较前几年有所回落。"蜜蜂授粉后的樱桃果型好,农民就能在市场上多卖些钱。"黄家兴说。

2. 绿色防控:八项技术轮番上阵

石河镇陈庄村的丁德恩种了 20 多年樱桃,在当地俨然已是樱桃种植的"土专家",关于樱桃种植的大事小情,他几乎都能解决,只有一件事除外。

"果蝇这东西,咱真是没招儿。不结果它不来,专等樱桃成熟时来,你还不能打药,只能干着急,有时候急了就往地上打药熏果蝇,还是没用。"说起大樱桃果蝇防治,丁德恩直摇头。

"你看,这就是果蝇。它的防治并不难,关键是果蝇一般在樱桃成熟期为害,无法使用药物杀死。"赵中华指着一块黏虫板上的一只果蝇告诉记者。

3. 投鼠忌器,难怪农民干着急

"用这些办法就好多了,以前打三次药,现在只需要在落花后打一次就够了,今年真是没见果蝇怎么着这些樱桃。"丁德恩所说的这些办法,正是这片樱桃园内示范的八项绿色防控技术。

在樱桃萌芽—开花前期、开花期、坐果—成熟期和采收后—越冬期,搭配使用这些绿色防控技术,不仅可以大幅减少农药使用量,还能确保防治效果:培育健康土壤生态环境,选用抗性和耐性品种,种苗处理平衡施肥,这是农业防治技术;每 10 亩果园放置一台杀虫灯,可以诱杀食花金龟甲、卷叶蛾类等鞘翅目、鳞翅目成虫,降低害虫田间落卵量,减少后期防治用药;每亩地再挂上 20 多片黏虫板,蚜虫、斑潜蝇、白粉虱和烟粉虱等害虫就能得到很好地防治;对付斑翅果蝇、黑腹果蝇,可以采用药物引诱杀灭,每亩地仅需 5~6 个药袋;果园外围悬挂苹小卷叶蛾、梨小食心虫性诱捕器;果树下再种植三叶草等绿肥作物,可以为瓢虫、草蛉等自然天敌提供良好的栖息环境。除此之外,虫害密度监测桶可以监测虫口密度,为科学合理用药提供有效依据。

小贴示

蜜蜂授粉农产品品质显著改善

2015 年农业部在北京、河北、山西等 15 个省区，设立 24 个试验示范区，探索集成蜜蜂授粉与绿色防控增产技术，效果明显。就农产品品质来说主要有几个方面的改善：

一是商品果率提高。各地试验示范表明，通过蜜蜂授粉，果型周正、着色均匀、果肉饱满、畸形果率显著下降。北京、河北番茄畸形果率低于 1％，较激素处理降低约 10 个百分点；湖北、北京草莓畸形果率降低 10～20 个百分点；河北樱桃商品率达 90％，比自然对照提高 7 个百分点；山西苹果、梨畸形果率分别为 1％和 4.2％，比对照下降 3.5 和 3.9 个百分点。

二是口感风味改善。蜜蜂授粉果实经过正常受精发育而成，果实可溶性固形物含量、糖度提高，降低酸度，从而改善了果实的口感风味。如河北示范区樱桃比自然授粉区可溶性固形物、总糖含量分别提高 1.7 和 1.1 个百分点；海南、新疆哈密瓜边糖含量提高 10.6％～18.42％，固酸比提高 24.5％，维生素 C 提高 44.98％，芳香物提高 30.5％；河南枣可溶性固形物和糖度各提高 1.7 个百分点，硬度提高 5.9％。

三是农药使用量明显下降。各示范区因地制宜推广应用灯诱、性诱、色诱、食诱"四诱杀虫"技术等生物防治配套技术。山东、山西、河南等苹果、梨、枣等示范区全生育期减少化学农药使用 3～6 次，使用量降低 30％～50％；北京、河北、湖北等草莓、番茄示范区每茬减少化学农药使用 4 次以上，使用量降低 60％～80％；安徽、四川、黑龙江、陕西等油菜、向日葵、大豆、樱桃示范区全生育期减少化学农药使用 2 次以上，使用量降低 30％以上。

参 考 文 献

[1] 张晓明. 图解樱桃良种良法[M]. 北京:科学技术文献出版社,2013.

[2] 张鹏. 樱桃无公害高效栽培[M]. 北京:金盾出版社,2014.

[3] 徐继忠. 樱桃优良品种及无公害栽培技术[M]. 北京:中国农业出版社,2006.

[4] 刘遵春. 樱桃优质丰产高效栽培技术[M]. 北京:中国农业出版社,2015.

[5] 张洪胜. 现代大樱桃栽培[M]. 北京:中国农业出版社,2012.

[6] 赵改荣. 樱桃园艺工培训教材[M]. 北京:金盾出版社,2008.

[7] 孟瑜清. 樱桃栽培技术[M]. 北京:中国农业大学出版社,2015.

[8] 张文瑞,苗吉信. 实用甜樱桃栽培管理误区新解[M]. 北京:中国农业出版社,2016.